ATLAS
DE LOS
climas
extremos

LORENZO PINI

EDITORIAL JONGLEZ

Contenido

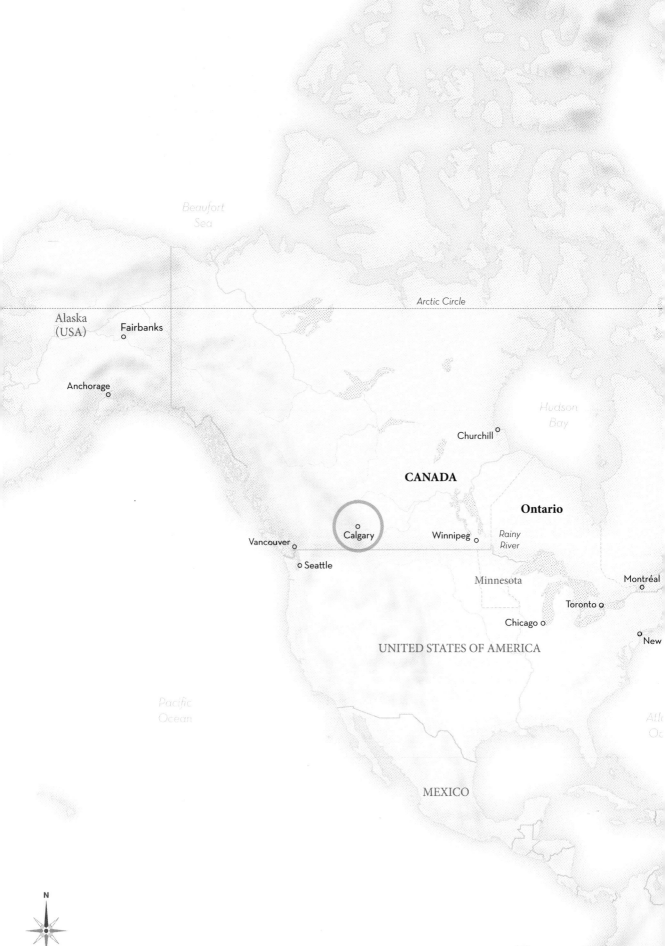

Beaufort
Sea

Arctic Circle

Alaska
(USA)

Fairbanks

Anchorage

Hudson
Bay

Churchill

CANADA

Ontario

Vancouver

Calgary

Winnipeg

Rainy
River

Seattle

Minnesota

Montréal

Toronto

Chicago

UNITED STATES OF AMERICA

New

Pacific
Ocean

Atl
Oc

MEXICO

N

Hailstorm Alley · Alberta, Canadá

Aquí las tormentas de granizo son tan frecuentes, que una empresa especializada recurre a la siembra de nubes para reducir su impacto

El 13 de junio de 2020, una devastadora tormenta de granizos del tamaño de una pelota de golf acompañada de vientos de hasta 100 kilómetros hora azotaba la ciudad de Calgary, en la provincia de Alberta, al oeste de Canadá. Los daños fueron cuantiosos: más de 70 000 viviendas y vehículos sufrieron daños y cosechas enteras quedaron destruidas, ascendiendo el coste total de las pérdidas a 1200 millones de dólares, lo que lo convierte en el cuarto desastre natural más «caro» de la historia de Canadá.

Se han visto granizos de este tamaño en otros lugares del mundo a lo largo de los años, pero la zona geográfica que rodea Calgary ostenta el nada envidiable récord de mayor frecuencia de este fenómeno, hasta el punto de tener el apodo de Hailstorm Alley (callejón de las granizadas).

Cada verano, de finales de mayo a mediados de septiembre, se producen una media de 20 tormentas de granizo, la mitad de ellas de intensidad moderada a grave, en esta zona de Alberta situada al este de las Montañas Rocosas canadienses, entre High River (65 kilómetros al sur de Calgary) y Lacombre (175 kilómetros al norte de Calgary).

Fuertes granizadas azotaron Calgary en septiembre de 1991. En julio de 2010 les tocaría a Ardrie, Red Deer, a Rocky Mountain en agosto de 2014, a Ponoka en junio de 2016, a Lacombe en mayo de 2017 y a gran parte del centro de Alberta en julio de 2018.

¿Cómo se explica un clima tan catastrófico? Como siempre, es importante tener en cuenta las características geográficas del lugar. Hailstorm Alley está en una meseta desértica a unos 1000 metros sobre el nivel del mar. Es gélida en invierno, pero capaz de calentarse muy rápidamente en verano (Calgary registró su récord de calor en agosto de 2018, con 36,5 °C).

En verano, al mediodía, una burbuja de calor generada por los rayos del sol se extiende por el altiplano hasta encontrarse al oeste con las laderas de las Montañas Rocosas canadienses. El aire caliente se ve de repente obligado a subir (la cadena montañosa supera los 3000 metros), enfriándose y condensándose para formar gigantescas nubes cumulonimbus. Las nubes convectivas, tras alcanzar las alturas más elevadas, son desplazadas hacia el este por los vientos en altura y regresan a Hailstorm Alley cargadas de energía.

En condiciones normales, se producirían tormentas sin granizo, pero cuando a esta dinámica orográfica se unen en las alturas infiltraciones de aire procedente del Ártico (un fenómeno muy frecuente dada la exposición a las corrientes septentrionales de Alberta), los contrastes térmicos son aún más marcados, lo que da lugar a la formación de cumulonimbus muy amenazadoras de más de 10 kilómetros de altura. En el corazón de estas nubes, las corrientes ascendentes son particularmente fuertes. Las gotas de agua en la base de la nube, en vez de caer en forma de lluvia, son literalmente expulsadas a gran velocidad hacia los niveles superiores de la nube, donde se congelan y se convierten en esferas de hielo. Debido a su peso, la fuerza de la gravedad empuja estas esferas hacia el suelo. Así se forma el granizo.

Cuando, como en el contexto meteorológico y geográfico del centro de Alberta, la energía es extrema, los granos de hielo pueden ir de un lado a otro de la nube, aglomerándose y formando esferas cada vez más gruesas, que pueden alcanzar diámetros de más de 5 o incluso 10 centímetros.

En 1996, las compañías de seguros canadienses, ante las continuas reclamaciones por daños causados por el granizo, fundaron la Alberta Severe Weather Management Society (ASWMS) para abordar el problema y financiaron el Alberta Hail Suppression Project (AHSP). Así fue como instauraron la siembra de nube, un proyecto de manipulación del clima que funciona las 24 horas, los siete días de la semana, del 1 de junio al 15 de septiembre. Cuando los radares meteorológicos detectan posibles nubes de granizo, despegan aviones de Calgary y de Red Deer y vuelan alrededor de las nubes cumulonimbus liberando yoduro de plata y hielo seco (CO_2 en estado sólido). Esta composición química favorece la formación de núcleos de condensación y acelera la formación de cristales de hielo, interrumpiendo dentro de la propia nube el ciclo que crea los grandes granizos. La siembra de nubes no siempre es eficaz: los vientos pueden anular sus efectos, pero a veces puede reducir el tamaño de las pelotas de granizo y hacer que sean casi inofensivas.

A ser una forma de manipulación del clima, la siembra de nubes, utilizada en otras ocasiones en varios países, también para provocar lluvia o nieve, es una práctica que alimenta muchos debates y críticas. Según la American Chemical Society, la siembra de nubes en Alberta redujo los daños causados por el granizo en un 27 %, pero también hay estudios que subrayan la importancia de dosificar el yoduro de plata para evitar que sea tóxico.

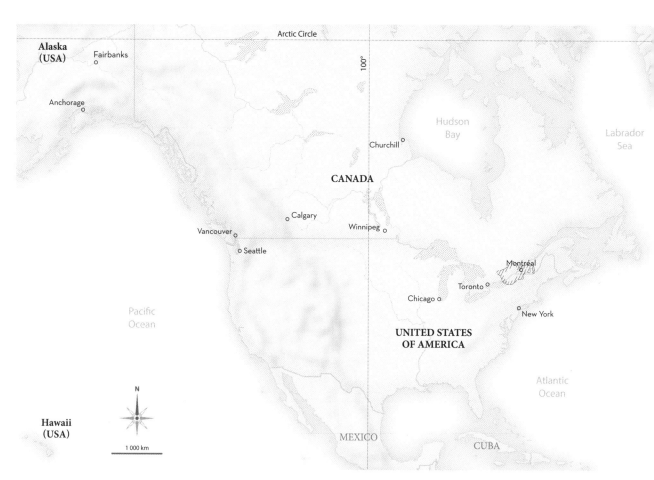

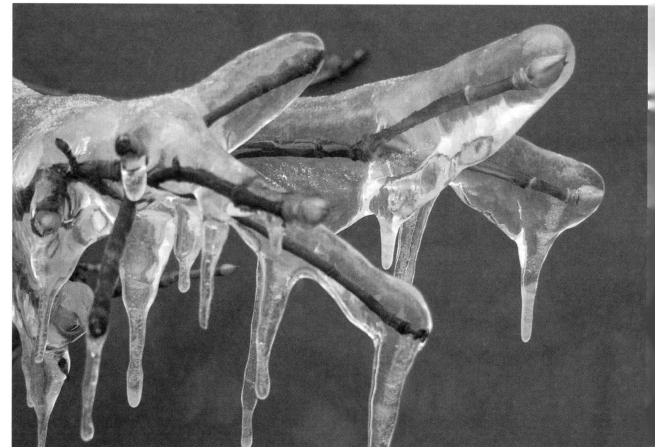

La peor lluvia helada de la historia reciente · Quebec

En enero de 1998, una tormenta de hielo «perfecta» lo transformó todo en un «paisaje de cristal» surrealista entre Estados Unidos y Canadá

Dentro de la categoría de «lluvia que hiela», el fenómeno atmosférico de la lluvia helada es uno de los más temidos de todos los relacionados con el hielo por su capacidad de derribar árboles e infraestructuras eléctricas, de hundir tejados y de dejar las carreteras impracticables.

Este fenómeno puede darse en invierno en las regiones templadas y subpolares de las zonas continentales, sobre todo en las grandes llanuras de Estados Unidos, Canadá, Europa central y Rusia.

Este tipo de lluvia gélida se produce cuando el aire especialmente húmedo y cálido circula sobre una capa de aire frío que, al ser más pesado, se queda «pegado» al suelo. El resultado es una inversión térmica: a gran altitud las temperaturas son positivas, mientras que cerca del suelo, la temperatura es igual o inferior a cero. En el caso de estas precipitaciones, las gotas de lluvia se congelan en cuanto tocan el suelo, formando una capa de hielo similar a una lámina de vidrio que cubre todas las superficies.

Si la lluvia persiste (durante varias horas, incluso varios días), las consecuencias pueden ser devastadoras, como así lo demostró la peor lluvia helada de la historia moderna, que cayó en enero de 1998 en una zona situada entre los Grandes Lagos norteamericanos y el valle del río San Lorenzo, en Quebec, Canadá.

The Great Ice Storm of 1998 (La gran tormenta de hielo de 1998), como aún se la llama, comenzó el 4 de enero, al formarse un profundo sistema de bajas presiones que atrajo aire cálido y húmedo del golfo de México. Al mismo tiempo, sobre Labrador, un sistema de altas presiones mantuvo en las capas bajas una corriente de aire frío procedente del este. La colisión de estas masas de aire diametralmente opuestas creó un sistema sumamente alterado, incapaz de desplazarse hacia el este debido a la alta presión que bloqueaba su paso sobre el Atlántico. Desafortunadamente, se daban todos los requisitos para una tormenta de hielo perfecta.

La región más afectada fue la provincia de Montérégie, en Quebec, al sureste de Montreal. Allí cayeron más de 100 milímetros de lluvia helada en el triángulo que forman Saint-Hyacinthe, Saint-Jean-sur-Richelieu y Granby, transformándolo todo en un «paisaje de cristal» surrealista.

La acumulación de hielo provocó el derrumbamiento de 76 torres de alta tensión y de miles de postes de madera del tendido eléctrico. Cientos de transformadores explotaron. La lluvia, a pesar de dar algunas treguas, siguió cayendo hasta el 9 de enero, cuando los 300 000 habitantes de la zona se vieron sumidos en la oscuridad y sin calefacción, hasta el punto de que los medios de comunicación lo apodaron el *Triangle of Darkness* (triángulo de las tinieblas).

Miles de ramas de árboles cubrían el suelo, era imposible circular por las carreteras o caminar por las aceras, por no hablar de la falta de luz y calefacción. La gente buscó refugio en lugares que tenían generadores eléctricos, como las escuelas y gimnasios, en busca de calor, con la esperanza de que la electricidad se restableciera rápidamente, pero aún así la situación tardó un mes en volver a la normalidad.

Mientras tanto, las administraciones de los municipios del triángulo de las tinieblas suministraron leña y pequeños generadores de gas. El ejército ayudó a despejar las calles y a distribuir alimentos.

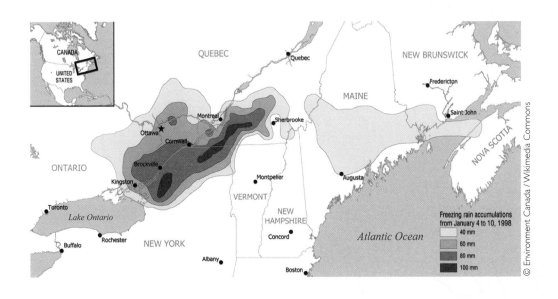

Península de Avalon · Terranova, Canadá

Una fábrica de niebla: 206 días de niebla al año

La forma de la península de Avalon recuerda a una estrella de cinco puntas que han lanzado al Atlántico, unida a la isla de Terranova por un istmo de apenas 5 kilómetros de ancho. Da la impresión de que siempre está a punto de adentrarse en el océano, tal vez para escapar definitivamente de los fenómenos atmosféricos externos que convergen en este rincón de Canadá con la misma latitud que París, pero con un clima hostil.

En la isla de Terranova, el viento es casi incesante, el cielo está cubierto cuatro días de cada cinco, la nieve y la lluvia son abundantes, y puede haber incluso tormentas tropicales, y hasta huracanes.

De hecho, la corriente del Golfo suele «enganchar» los ciclones del Atlántico tropical de tal modo que se acercan a la costa este de Estados Unidos, rozándola de sur a norte antes de golpear Terranova, sobre todo su parte este.

Pero en esa lista de fenómenos mencionados no figura el más extremo de todos: la niebla. La región de Avalon, y en particular el pueblo de Argentia, tiene la media de días con niebla al año más alta del mundo (206).

Dos corrientes oceánicas de características opuestas, la corriente fría del Labrador y la corriente cálida del Golfo, se mezclan justo frente a la costa de Terranova. El punto de contacto más cercano a la tierra es la península de Avalon.

Las características térmicas opuestas de las aguas interactúan con las capas de aire que hay sobre ellas: el aire más suave y húmedo que acompaña a la corriente del Golfo se desliza sobre la capa más fría formada por la corriente del Labrador y, como sucede en un espejo cuando te duchas, se forma una espesa condensación. Inicialmente, se forman enormes capas de niebla sobre los Grandes Bancos, una red de aguas poco profundas conocidas por su excepcional abundancia en peces al este de Terranova. Después, los vientos de la región y la orografía determinan el movimiento y la persistencia de la niebla, que es aún más espesa cerca de la costa en los alrededores de Argentia (sin embargo, el interior de Terranova es mucho más soleado).

Las complejas interacciones entre las corrientes oceánicas y las turbulencias atmosféricas, así como los procesos físicos y termodinámicos que van de la saturación del vapor a la radiación hacen que las previsiones de niebla sean extremadamente complicadas y poco fiables. Esto explica por qué en 2018 los gobiernos de Estados Unidos y Canadá financiaron, justamente en Terranova, el proyecto C-FOG (niebla costera). La investigación de campo, coordinada por el ingeniero Harindra Joseph Fernando, tenía como objetivo disipar –nunca mejor dicho– los misterios de la niebla para limitar su impacto en el tráfico aéreo y marítimo.

La isla de Terranova tiene unos 500 000 habitantes, una quinta parte de los cuales vive en la capital, San Juan, mientras que el 47 % de la población total vive en la península de Avalon. La belleza de los paisajes hace de Terranova una atracción turística en auge: tierra adentro abundan los lagos y ríos, y la costa es magnífica, con sus altas paredes rocosas y sus profundas calas embellecidas con bahías y fiordos.

No es raro ver desde la costa de Avalon icebergs arrastrados por la corriente del Labrador a lo largo del Iceberg Alley. En este frío «corredor» oceánico que va desde bahía de Baffin hasta Terranova, se concentran en primavera icebergs de distintos tamaños, procedentes de la banquisa ártica. En los últimos años, el aumento de las temperaturas ha incrementado el número de icebergs a la deriva, lo cual es una mala noticia para el equilibrio climático, aunque siga siendo un espectáculo absolutamente único de ver… si la niebla lo permite.

© Daniel Schwen / Wikimedia Commons

Beaufort
Sea

Baffin
Bay

Arctic Circle

100°

Alaska
(USA)

Fairbanks

Anchorage

Hudson
Bay

Churchill

CANADA

Calgary

Winnipeg

Snowbelts

Vancouver

Montréal

Seattle

Toronto

Chicago

New York

UNITED STATES
OF AMERICA

Pacific
Ocean

Atlantic
Ocean

Hawaii
(USA)

MEXICO

CUBA

VENEZU

COLOMBIA

N

1 000 km

Los *snowbelts* de los Grandes Lagos americanos · Estados Unidos

Impresionantes tormentas de nieve causadas por el famoso «efecto lago»

Entre las innumerables nevadas que se producen en nuestro planeta, las que caen alrededor de los Grandes Lagos estadounidenses merecen especial atención por su magnitud y su dinámica.

Los meteorólogos acuñaron el término *snowbelts* (cinturones de nieve) para designar siete territorios situados en las orillas sur y este de los lagos Superior, Michigan, Huron, Erie y Ontario –entre Canadá y Estados Unidos– expuestos a tormentas de nieve muy intensas causadas por el famoso «efecto lago».

A partir del mes de noviembre, las corrientes frías se desplazan desde el Ártico canadiense hacia el sur y llegan sin dificultad a los Grandes Lagos. Los vientos fríos del noroeste soplan sobre las superficies de los lagos que, sin estar aún congeladas, proporcionan un importante aporte de humedad y calor. El aire frío, más pesado, desplaza literalmente el aire más cálido sobre los lagos, obligándolo a elevarse bruscamente, lo que desencadena el desarrollo de nubes convectivas.

El viento arrastra la nubosidad generada hacia las orillas opuestas, es decir, hacia las zonas sur y oeste, donde se espesa al entrar en contacto con las primeras colinas. Se crean entonces auténticas bandas de nubes, similares a largas cintas, cargadas de precipitaciones. Estas caen en forma de tormentas de nieve acompañadas de *whiteout*, una falta total de visibilidad debido a la combinación de la nieve levantada por la nieve y la que cae del cielo. Las nevadas provocadas por el «efecto lago» pueden ser muy intensas y muy localizadas: muy a menudo, pasamos de la ventisca al sol radiante y viceversa en un radio de apenas unos cientos de metros, lo que hace que la conducción sea muy incómoda.

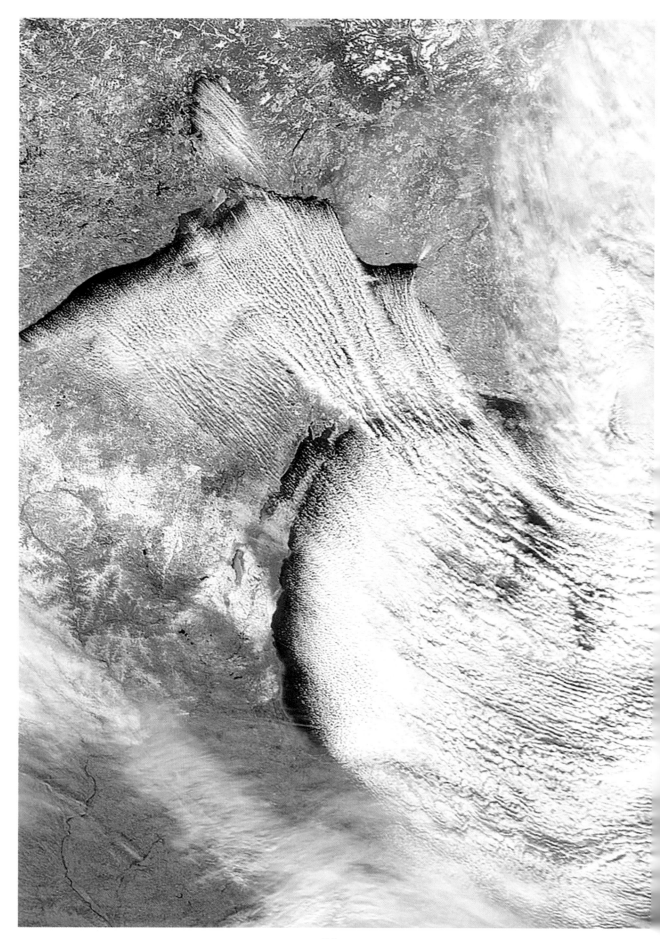

De los siete *snowbelts*, el que está entre los lagos Erie y Ontario, a lo largo de una línea que conecta las ciudades de Búfalo, Rochester y Siracusa, es el que registra la nevada media anual más grande. En efecto, en estas ciudades pueden caer 75 centímetros de nieve en 24 horas (con máximos de 28 centímetros de nieve en una hora). Basta con observar algunos acontecimientos recientes para darse cuenta de la importancia de semejante fenómeno.

Entre el 29 de noviembre y el 2 de diciembre de 1976, la ciudad de Búfalo quedó paralizada por más de 100 centímetros de nieve y aquel invierno batió su récord estacional con 507 centímetros de nevadas. El 13 de marzo de 1993, la histórica *Superstorm* (supertormenta) descargó 110 centímetros de nieve en dos días, mientras que, en noviembre de 2022, Hamburgo, justo al sur de Búfalo, vio caer más de 2 metros de nieve en tres días.

En esta región densamente poblada –hay más de medio millón de habitantes–, la previsión meteorológica es esencial para evitar los peligros que pueden causar las ventiscas. Gracias a los radares meteorológicos de última generación, se prevé la formación de estas bandas nubosas sobre los lagos y se emiten avisos en el momento oportuno. Además, se sabe que estas tormentas de nieve alcanzan su máxima intensidad entre finales de otoño y principios de invierno, cuando las aguas de los lagos aún están calientes y contribuyen más a la inestabilidad de las masas de aire frío entrantes.

En este sentido, el calentamiento global está haciendo que estos fenómenos sean aún más extremos. Los veranos más cálidos y largos están aumentando entre 1 °C y 2° C la temperatura media de las aguas de los Grandes Lagos, con un mayor contraste térmico en otoño y, en consecuencia, un aumento de la nubosidad y de las precipitaciones. En pleno invierno, cuando la superficie de los lagos se congela, las nevadas continúan, pero son menos abundantes, pues ya no se produce evaporación de las aguas lacustres.

Los lugareños están acostumbrados a este clima extremo y saben que, en determinadas situaciones, simplemente hay que sentarse y esperar a que pase el mal tiempo. En los *snowbelts* de los Grandes Lagos, las nevadas que paralizarían cualquier otra parte del mundo durante una semana aquí solo generan que la gente se encoja de hombros y sienta cierto orgullo.

El Golden Snowball Award

La cantidad de nieve que se acumula en invierno es lo que ha inspirado la creación del Golden Snowball Award, una competición que se celebra cada año entre las ciudades de Búfalo, Siracusa, Rochester, Binghamton y Albany. A finales de la primavera, durante una gran celebración, gana el premio la ciudad donde más ha nevado. En los años 1980, en el apogeo de este evento, miles de personas acudían a ver la ceremonia de la entrega de premios, en la que actuaban bandas de música en directo y se invitaba a representantes de otras partes del mundo donde también nevaba con intensidad. En 2022-2023, la ciudad ganadora fue Búfalo, con un total de nieve acumulada de 334 centímetros.

Pero la verdadera rivalidad entre estas ciudades está en su capacidad de despejar las calles y de volver a la vida normal después de una ventisca.

© NOAA Photo Library / Wikimedia Commons

Paradise Inn · Estados Unidos

El récord mundial de nieve acumulada en un solo año: 31 metros en 1971-1972

Imagínate que quisieras localizar en un mapamundi los lugares habitados donde caen las mayores cantidades de nieve cada invierno. Tu mirada iría directamente a los polos y a las regiones árticas (o antárticas), lo que sería un error porque esas zonas más frías del planeta no tienen la humedad necesaria para producir precipitaciones intensas.

Entonces, lo lógico sería pensar que las nevadas más intensas se dan en los pueblos situados en las montañas más altas del mundo, como el Himalaya o los Andes, lo que sería otro error. Aunque, por encima de los 4000-5000 metros todas las montañas reciben varios metros de nieve en invierno, la altitud por sí sola no es suficiente.

Las condiciones geográficas necesarias para que haya nevadas intensas y regulares incluyen una elevada humedad, intensas corrientes en chorro (*jet streams*), así como una particular forma de enfriar el aire. Todos estos criterios se dan en las cordilleras costeras de las regiones templadas del hemisferio norte, expuestas a las corrientes oceánicas occidentales. La elección es no obstante más limitada, ya que solo las montañas situadas al oeste de Estados Unidos, entre Columbia Británica, Oregón, Washington y el norte de California son perfectas para reclamar el récord de nevadas acumuladas. Allí, las inagotables corrientes húmedas procedentes del Pacífico chocan con las paredes de sus relieves. Estos auténticos «trenes» de vapor de agua, al ver su camino bloqueado, se ven entonces obligados a descargar su contenido de lluvia y nieve. Una de las zonas más expuestas es la cordillera de las Cascadas, cuyo punto más alto es el monte Rainier (4392 metros).

En el parque nacional que lleva el mismo nombre, en la ladera sur de la montaña, a 1600 metros de altitud, se encuentra el *Paradise Inn*. Este emblemático hotel, construido en 1916 en madera y piedra al estilo alpino y declarado monumento nacional, sigue siendo un punto de referencia para esquiadores y excursionistas. Además de por su encanto *vintage*, el Paradise Inn es famoso por su récord mundial de nevadas en un solo año. Entre el 19 de febrero de 1971 y el mismo día de 1972, la estación meteorológica del Paradise registró la impresionante cifra de 31,5 metros de nieve.

El hotel solo abre de mayo a septiembre, y en invierno se hace el mantenimiento usando un túnel que comunica con la puerta principal. Si el tiempo lo permite, se puede utilizar la carretera que lleva al hotel incluso en invierno, entre dos muros de nieve tan altos como un edificio, hasta llegar al aparcamiento del hotel, donde las ventanas del segundo piso sobresalen por encima del «océano blanco» que lo cubre todo. La precipitación media de nieve en el Paradise ronda los 15 metros, con acumulaciones en el suelo de hasta 9 metros cuando termina la temporada (la nieve que ha caído se asienta, se funde o se evapora, lo que explica que los centímetros que han caído nunca corresponden perfectamente con la nieve acumulada en el suelo).

El secreto de esta abundancia reside, como se explica más arriba, en la conjunción de varios factores: las poderosas e inagotables corrientes del oeste procedentes del Pacífico combinadas con la humedad de la cordillera de las Cascadas y las montañas lo suficientemente altas como para formar un dique que empuja el aire hacia arriba, enfriándolo y obligando a sus partículas de vapor a condensarse en nubes cargadas de cristales de nieve. A esto se añade la ubicación del Paradise Inn, detrás del cual se eleva la mole del monte Rainier. El volcán, de casi 4400 metros de altura, frena aún más el movimiento hacia el este de los sistemas perturbados, que pueden estancarse durante días sobre la misma zona, causando nevadas excepcionalmente intensas.

El Pineapple Express

Las regiones costeras del Oeste americano están expuestas a flujos de vapor de agua muy ricos, conocidos como ríos atmosféricos. Uno de los más famosos es el Pineapple Express (exprés de piñas), un larguísimo pasillo de corrientes que se desplaza lentamente de oeste a este y es capaz de transportar grandes cantidades de humedad desde Hawái hasta la costa norteamericana, provocando a veces lluvias torrenciales y nevadas muy copiosas en las laderas expuestas de las Rocosas.

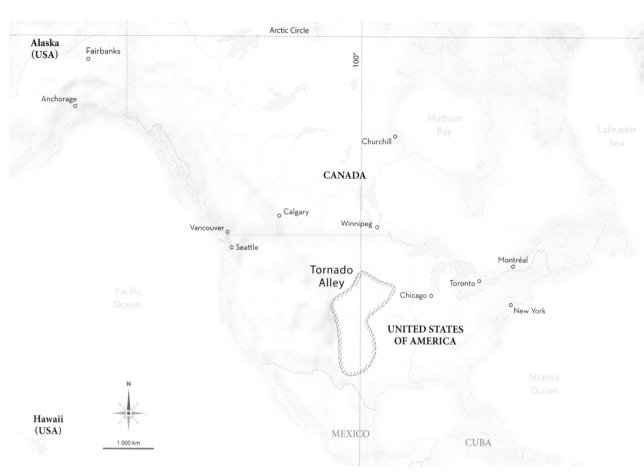

Tornado Alley · Estados Unidos

Tornados a centenares cada primavera

Un tornado es sin duda uno de los fenómenos atmosféricos más aterradores y, al mismo tiempo, uno de los más fascinantes que la naturaleza es capaz de crear.

La palabra «tornado» proviene etimológicamente de la combinación de dos verbos españoles, «tornar» (dar vueltas) y «tronar». Esto es exactamente lo que ocurre cuando una columna de aire gira violentamente entre el corazón de una nube de tormenta y el suelo, dispuesta a arrasar todo lo que se interponga en su camino.

Los tornados pueden producirse en muchas partes del mundo, pero es la región central de Estados Unidos, conocida con el acertado nombre de Tornado Alley (callejón de los Tornados), la que registra una frecuencia más alta de tornados, con unos 1000 por temporada.

La causa hay que buscarla en la configuración geográfica y el tamaño de Estados Unidos, sobre todo en las vastas llanuras del Medio Oeste y el Sur, que no están protegidas por cadenas montañosas y son punto de encuentro de las corrientes árticas, los vientos del Pacífico y el aire cálido y húmedo del golfo de México. El encuentro de estas masas de aire tan diferentes puede generar una intensa actividad tormentosa en primavera y principios de verano, condición indispensable para desencadenar tornados terribles.

El Tornado Alley es una de las zonas más extensas de estas latitudes: se extiende desde Dakota del Sur hasta Texas a lo largo del meridiano 100, una auténtica línea divisoria climática. Entre abril y mayo (a veces en marzo y junio), cuando el aire más frío y seco que desciende del noroeste se encuentra con el aire cálido y húmedo de las Grandes Llanuras, pueden desarrollarse sistemas tormentosos especialmente violentos conocidos como supercélulas.

En una supercélula, las corrientes cálidas que ascienden desde el suelo hacia el corazón de la nube (denominadas corrientes ascendentes) pueden adoptar un componente rotatorio e invertirse. Esto se debe a la naturaleza contradictoria de los vientos (tanto en dirección como en velocidad) que soplan entre la base y la parte superior de la nube. El movimiento de rotación que se crea en el interior de una supercélula se conoce como mesociclón, una espiral en la que la presión se colapsa repentinamente, capaz de alimentarse a sí misma aspirando el aire más frío que se encuentra por delante de la tormenta. Al condensarse el aire más frío por debajo de la base del cumulonimbus, el vórtice «escapa» del corazón de la nube. Es entonces cuando se crea una especie de embudo hacia el suelo. Si el vórtice está lo suficientemente estructurado como para alcanzar el suelo, se habla entonces de tornado.

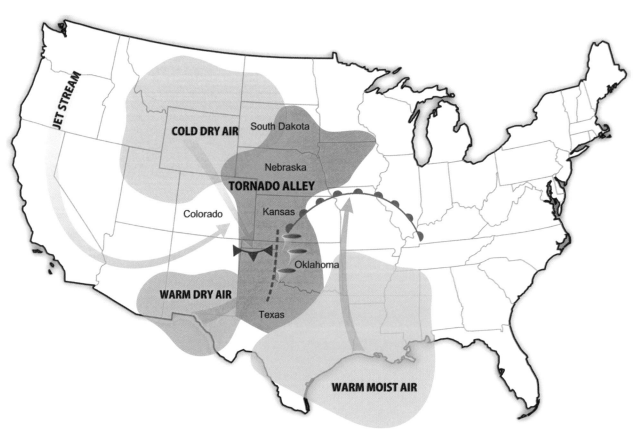

El tornado más devastador de la historia

En función de los daños causados, los tornados se clasifican en la escala de Fujita en 6 categorías (de F0 a F5). Los tornados más devastadores pueden alcanzar un diámetro de 300 metros y recorrer decenas de kilómetros, con vientos que alcanzan los 500 kilómetros por hora en su epicentro.

El tornado más devastador de la historia se produjo el 18 de marzo de 1925 entre Misuri, Illinois e Indiana. El «tornado de los tres Estados», como así lo apodaron, se formó a la una de la tarde cerca de Ellington (Misuri) y se desplazó hacia el noreste a una velocidad de unos 110 kilómetros por hora. Al llegar a la frontera con Illinois, su potencia aumentó aún más, alcanzando una velocidad estimada de 482 kilómetros por hora. Como se movía tan rápido, los testigos dijeron que no podían distinguir el vórtice, sino que veían una nube que caía sobre sus casas y «devoraba» la tierra. Todo lo que el tornado encontraba a su paso quedó completamente destruido. Tras devastar Misuri, mató a casi 550 personas en Illinois en solo 40 minutos, 234 de ellas en la pequeña localidad de Murphysboro, que sigue siendo la ciudad de Estados Unidos con más muertes causadas por un solo tornado. Siguiendo su camino, arrasó la ciudad de Princeton, en Indiana, antes de disiparse hacia las 16:30 h. En tres horas y media, el tornado había recorrido 352 kilómetros, dejando tras de sí 695 víctimas.

En los últimos 20 años, el calentamiento global no solo ha aumentado el número y la frecuencia de los tornados, sino que también ha alterado parcialmente su trayectoria principal. El límite entre la franja árida y la franja verde, representada por el meridiano 100, se ha desplazado unos 200 kilómetros hacia el este y, además del Tornado Alley, también hay que tener en cuenta el Dixie Alley, otra zona amplia entre Misisipi, Arkansas, Alabama, Tennessee y Florida donde se producen con frecuencia estos mismos fenómenos atmosféricos extremos.

El meridiano 100

Si observamos un mapa físico de Norteamérica, veremos que al oeste del meridiano 100 el suelo es marrón, sinónimo de estepa árida, mientras que al este predomina el verde de las praderas y de los cultivos de maíz. De hecho, la árida franja occidental se ve afectada por la sombra pluviométrica provocada por las Montañas Rocosas, que frenan las perturbaciones procedentes del Pacífico, mientras que los Estados orientales se benefician de las corrientes húmedas del sur (golfo de México) y del oeste (océano Atlántico). Por este motivo, las llanuras situadas a ambos lados del meridiano 100, sobre todo en Oklahoma y Texas, son a menudo víctimas de los violentos intercambios de energía que la atmósfera desencadena en el punto de contacto entre dos zonas climáticas diferentes.

Beaufort
Sea

Arctic Circle

Fairbanks
○

Anchorage
○

CANADA

Churchill
○

Hudson
Bay

Calgary
○

Winnipeg
○

Rainy
River

Vancouver
○

Seattle
○

Montréal
○

UNITED STATES
OF AMERICA

Toronto ○

San Francisco
○

Chicago
○

New York
○

◎ *Furnace Creek*

○ Los Angeles

Pacific
Ocean

Atlantic
Ocean

MEXICO

N

1 000 km

Furnace Creek · Valle de la Muerte, Estados Unidos

La temperatura más elevada jamás registrada: 56,7 ºC

En el planeta Tierra, la barrera de los 50 ºC solo se supera en algunas regiones de África del Norte, Arabia, Irán, Pakistán y Australia. Sin embargo, es en Estados Unidos, en el Valle de la Muerte, donde todos los veranos se supera claramente este umbral, hasta el punto de que Furnace Creek, la puerta de entrada al Parque Natural del Valle de la Muerte, ostenta el récord de la temperatura más alta jamás registrada.

Es efectivamente en la estación meteorológica de esta localidad californiana, que alberga asimismo un centro de visitas turísticas, donde el 10 de julio de 1913 se registró la abrasadora temperatura de 56,7 ºC.

El lugar está en el corazón de una zona desértica situada por debajo del nivel del mar, una cuenca salobre que nació a raíz de la desecación de un antiguo mar paleozoico. Badwater Basin, el punto más bajo del parque, está a menos de 86 metros de profundidad, y Furnace Creek, a menos de 58. A unas 2 horas en coche al oeste de Las Vegas, en el mismo paralelo (36 N) que Gibraltar y Tokio, el Valle de la Muerte registra una media de tan solo 50 mm de lluvias al año, aún menos que las regiones más áridas del Sáhara.

La morfología del valle influye mucho en las temperaturas estivales, ya que esta cuenca larga y estrecha está rodeada de escarpadas cadenas montañosas que, en el lado occidental se elevan a más de 3000 metros, bloqueando el paso de las corrientes húmedas del Pacífico. El aire claro y seco y la escasa vegetación permiten que la luz solar caliente la superficie del desierto. El calor que desprenden las rocas y el suelo no logra disiparse y queda atrapado en las profundidades del valle (en Zabriskie Point, 300 metros más arriba de Furnace Creek, las temperaturas alcanzan los 42-45 ºC, temperaturas sin duda extremas, pero que no llegan a batir récords).

La noche trae consigo un alivio parcial: cuando el sol se pone, el aire en contacto con las laderas de las montañas se enfría rápidamente y, al volverse más pesado, se desliza por las crestas hasta la cuenca. La «brisa de la montaña» se instala entonces, reduciendo ligeramente la burbuja de calor que flota sobre Furnace Creek, aunque en julio y en agosto las temperaturas mínimas no logran bajar de los 30 ºC.

Dedicadas a los amantes de los números, aquí van algunas cifras que ilustran este clima infernal: desde que la estación meteorológica de Furnace Creek empezó a realizar mediciones, solo se ha llegado al umbral de los 54,5 ºC en 2020 y 2021, aparte del famoso día de 1913 (los picos de calor suelen estar entre 48 ºC y 52 ºC). El mayor número de días consecutivos con temperaturas máximas de 38 ºC o más fue de 154 en el verano de 2001, mientras que en el verano de 1996 se registraron 40 días con temperaturas por encima de los 48 ºC y 105 días por encima de los 43 ºC. En el verano de 1917, se registraron temperaturas de 48 ºC o más durante 43 días consecutivos. ¿Y el resto del año? Fuera del periodo de mayo a septiembre, el Valle de la Muerte es un lugar agradable para visitar. En invierno y en primavera, las temperaturas diurnas se sitúan entre los 15 y los 22 ºC y rara vez bajan a 0 ºC por la noche (el récord es de -10 ºC, también en 1913). En los meses más fríos, aunque las lluvias son casi inexistentes, puede haber algunos chubascos pasajeros, tras los cuales se puede observar el fenómeno del desierto florido.

En 2005 hubo una inundación sin precedentes en el Valle de la Muerte que hizo resurgir lo que, hace más de 20 000 años, fue el lago de Manly. En aquella ocasión, los guardas forestales establecieron un nuevo récord, el de haber atravesado el desierto en canoa. El lago se evaporó muy rápidamente en los días siguientes, dejando tras de sí una mezcla de lodo y sal.

© Forestangels / Pixabay

HONDURAS

Caribbean Sea

NICARAGUA

COSTA
RICA   PANAMA

Catatumbo

VENEZUELA

GUYANA   FRENCH
GUIANA

COLOMBIA

SURINAME

ECUADOR

Galapagos
(ECUADOR)

BRAZIL

PERU

*Pacific
Ocean*

BOLIVIA

PARAGUAY

*Atlantic
Ocean*

CHILE

URUGUAY

ARGENTINA

Falkland Islands
(Islas Malvinas)
(U.K.)

South Georgia
(U.K.)

N

1 000 km

Catatumbo · Venezuela

El lugar más eléctrico del planeta:
miles de relámpagos, un mínimo de 250 noches al año

El lago Maracaibo, cerca del delta del río Catatumbo, en Venezuela, es el escenario de uno de los espectáculos más extraordinarios del planeta. Dos noches de cada tres, una media de 280 relámpagos por hora desgarra el cielo sobre el lago. La mayoría de los relámpagos saltan de nube en nube y se pueden ver hasta a 300 km de distancia. El origen de la intensidad y de la frecuencia de estas tormentas eléctricas se debe a dos factores.

El primero es la ubicación geográfica de la zona. Situado en la franja tropical próxima al mar Caribe, el lago de Maracaibo está rodeado por la Sierra de Perijá al oeste y por la cordillera de los Andes al este. Un verdadero embudo que canaliza los vientos cálidos y húmedos del mar. Cuando el aire caliente golpea las laderas de las montañas que rodean el lago, no tiene otra opción que ascender bruscamente, enfriándose debido a la elevada altitud hasta alcanzar el punto de condensación. Esto nos lleva de nuevo al mecanismo clásico de formación de nubes convectivas y, por lo tanto, de tormentas eléctricas, una dinámica que prácticamente no sufre ninguna interrupción. Además, un segundo factor intensifica aún más el fenómeno. El metano que se produce por la descomposición de la materia orgánica en el delta del Catatumbo alimenta, al elevarse, el mecanismo que activa las descargas eléctricas en el interior de las nubes, sosteniendo la larga secuencia de relámpagos.

© Cesar sanchez007 / Wikimedia Commons

El fenómeno, conocido como el relámpago del Catatumbo, está documentado desde finales del siglo XVI.

En su poema épico *La Dragontea* (1598), el español Lope de Vega se detiene en el papel decisivo de los relámpagos en el viaje de sir Francis Drake. El pirata inglés quería conquistar Maracaibo, pero un relámpago, al iluminar la noche, desveló sus intenciones y acabó con ellas. A lo largo de la historia, la presencia de estas luces de tormenta intermitentes ha sido un punto de referencia para los navegantes, como un faro visible a cientos de kilómetros de distancia.

Los relámpagos sobre el lago de Maracaibo siempre han atraído a turistas del mundo entero. Hasta la década de los 2000, el mejor lugar para observar este fenómeno era Congo Mirador, una isla pequeña con algunas cabañas de pescadores sobre pilotes en la esquina suroeste del lago. Sin embargo, tras la apertura de un nuevo canal, el pueblo se encenagó perdiendo así su población y sus servicios. La mayoría de los habitantes de Congo Mirador se trasladaron a la aldea vecina de Ologá, ahora el mejor lugar para los «cazadores de tormentas». Se trata también de un pueblo de pescadores con 46 cabañas sobre pilotes y 60 familias. Si quieres ir allí a ver los relámpagos del Catatumbo, uno de los mejores contactos es Alan Highton (alanbolt.com), fotógrafo, naturalista y guía medioambiental experto en Venezuela, que organiza excursiones por el lago para vivir la experiencia desde una perspectiva única del relámpago del Catatumbo.

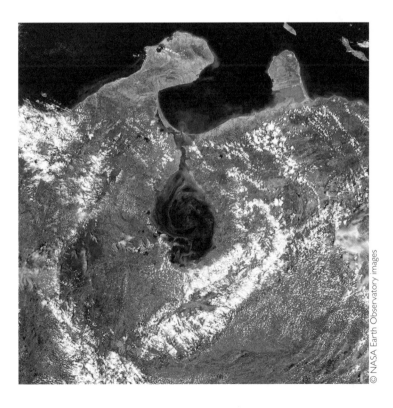

© NASA Earth Observatory images

HONDURAS

NICARAGUA

COSTA
RICA   PANAMA

Caribbean Sea

VENEZUELA

COLOMBIA

GUYANA

FRENCH
GUIANA

SURINAME

ECUADOR

Galapagos
(ECUADOR)

PERU

La Rinconada ⊙

BRAZIL

BOLIVIA

Pacific
Ocean

PARAGUAY

Atlantic
Ocean

CHILE

URUGUAY

ARGENTINA

Falkland Islands
(Islas Malvinas)
(U.K.)

South Georgia
(U.K.)

N

1 000 km

La Rinconada · Perú

La ciudad más alta de mundo: 60 000 habitantes
a 5100 metros de altura en condiciones climáticas muy duras

Temperaturas bajo cero durante gran parte del año, vientos incesantes, falta de oxígeno, deslizamientos de tierra y carreteras en muy mal estado, ningún alcantarillado y contaminación por mercurio. Y todo esto a más de 5000 metros de altura.

Parece la descripción de uno de los círculos del infierno de Dante, pero, en realidad, se trata del entorno en el que viven más de 60 000 personas, atraídas a los pies del glaciar Ananea, en los Andes peruanos, por la «sed de oro» que se desató a principios de la década de los años 2000 y que sigue sin calmarse.

La Rinconada es una aglomeración urbana de viviendas improvisadas, construidas principalmente entre 2001 y 2010. En aquella época, el precio del oro había subido un 230 % y miles de peruanos pobres vieron en esta mina, una de las más importantes de Sudamérica, una oportunidad para hacer fortuna.

La mina pertenece al Estado peruano y la explotan empresas privadas. Los mineros trabajan bajo el sistema del cachorreo, según el cual trabajan un mes gratis con herramientas mineras que les proporcionan los contratistas a cambio de 3 días de trabajo por su cuenta con sus propios recursos, durante los cuales los mineros se pueden quedar con el oro que encuentren. La ilusión de poder enriquecerse anima a muchas personas sin empleo a venir aquí. Pero la vida de los que trabajan en las minas de La Rinconada es una de las más duras del planeta.

El mercurio que se usa para separar el oro de la roca durante el proceso de extracción es altamente tóxico y contamina los alrededores. Las dificultades asociadas al trabajo se ven agravadas por un entorno hostil: una altitud tan elevada implica una mayor exposición a los rayos ultravioleta y a una importante falta de oxígeno.

Vivir en La Rinconada implica una adaptación fisiológica, con una mayor capacidad de oxigenación que los nativos de las llanuras. A 5000 metros de altura, el oxígeno disponible se reduce a la mitad en comparación con el que hay a nivel del mar, ya que la presión atmosférica es aproximadamente la mitad. Esto explica la razón por la que las poblaciones andinas, como las del Himalaya, tienen los pulmones más desarrollados con el fin de poder absorber mayores cantidades de oxígeno del aire ambiente.

La Rinconada es un territorio extremo en todos los sentidos, un conjunto desordenado de viviendas de ladrillo anónimas y de chabolas de chapa sin protección contra el gélido frío de estas alturas. Y todo rodeado de montones de basura hasta donde alcanza la vista.

Las temperaturas medias se mantienen ligeramente por encima de cero durante el día, pero al atardecer se desploman (hasta -15 ºC en julio). Para muchos trabajadores, la mejor opción es encerrarse a beber en un bar o en un club nocturno. La prostitución, incluida la de menores, prolifera en este círculo infernal.

Las únicas comodidades que hay son la electricidad, que garantiza el trabajo y que las máquinas funcionen las 24 horas del día, e internet, así como varios campos de fútbol de última generación. Algo cuando menos insólito teniendo en cuenta la altitud, pero que también demuestra la capacidad de los habitantes de La Rinconada de adaptarse a las condiciones extremas.

Si aun así quieres ver con tus propios ojos este lugar en los confines del mundo, puedes tomar un minibús en la ciudad de Putina y circular, durante dos horas y media, por una carretera llena de baches, hasta llegar al lugar donde puedes disfrutar de una excursión de un día sin pernoctar. En La Rinconada no hay hoteles, solo chozas sin ventanas para los mineros de visita.

Dos estaciones marcan el clima: una húmeda y nevada, relativamente suave (temperaturas que rondan los 0 ºC) de noviembre a abril, y una estación seca y fría de mayo a octubre, con temperaturas nocturnas que llegan a menudo a los -10 ºC y una marcada diferencia entre el día y la noche.

HONDURAS

NICARAGUA

COSTA
RICA   PANAMA

Caribbean Sea

VENEZUELA

GUYANA

FRENCH
GUIANA

COLOMBIA

SURINAME

ECUADOR

Galapagos
(ECUADOR)

PERU

BRAZIL

BOLIVIA

Arica ⊚

Pacific
Ocean

PARAGUAY

Atlantic
Ocean

CHILE

URUGUAY

ARGENTINA

Falkland Islands
(Islas Malvinas)
(U.K.)

South Georgia
(U.K.)

N

1 000 km

Arica · Chile

La ciudad costera donde nunca llueve

Chile es un país de climas extremos. Con más de 4000 km de longitud, en su interior se encuentran algunos de los lugares más lluviosos y secos del planeta.

Entre estos últimos, en la parte más septentrional del país, en la frontera con Perú, está Arica, la ciudad más seca del mundo.

Los datos de la estación meteorológica de su aeropuerto muestran una media anual de apenas 0,8 mm de lluvia, es decir, nada de nada.

La causa de esta «anomalía» es la corriente marina fría de Humboldt, llamada así porque fue descrita por primera vez por el naturalista alemán Alexander von Humboldt en su libro *Viaje a las regiones equinocciales del Nuevo Continente*, publicado en 1807. La corriente en cuestión elimina la evaporación de la superficie del océano, inhibiendo así los movimientos ascendentes que forman las nubes y las precipitaciones.

También conocida como corriente del Perú, su existencia se debe a la emersión de aguas profundas muy frías frente a la costa occidental de Sudamérica.

Para entender este fenómeno, hay que partir de otra corriente oceánica –la circumpolar antártica– que, causada por los implacables vientos del oeste de las regiones polares, empuja un flujo constante de agua helada hacia la Patagonia.

Cerca del borde continental sudamericano, esta masa de agua fría se ve forzada a subir a la superficie y seguir una desviación hacia el norte durante miles de kilómetros, bordeando toda la costa chilena.

La corriente de Humboldt es el mayor flujo de agua fría del mundo y uno de los más importantes en términos de impacto climático. De hecho, la parte del océano Pacífico por la que discurre la corriente de Humboldt es 8 °C más fría que otras zonas oceánicas del mismo paralelo, y tiene una influencia fundamental en el clima de las regiones costeras de Chile, especialmente las situadas al norte de Santiago.

Además de una aridez extrema, la corriente de Humboldt también provoca la formación de nieblas costeras. Durante el invierno (de junio a septiembre en Arica) se puede instalar la camanchaca, un banco de nubes marinas generado por el flujo de aire frío de la corriente de Humboldt. Esta inversión térmica puede dar lugar a la formación de bancos de niebla y estratocúmulos que se estancan entre la costa y la cordillera de los Andes.

Los días de camanchaca son nublados, pero no lo suficiente como para generar lluvia. Sin embargo, su papel en el clima desértico de la región de Arica es muy importante: es posible extraer agua, incluso potable, de la niebla. Chile lleva estudiando esta posibilidad desde 1985, cuando instalaron las primeras «redes de niebla». Se trata de unas redes de polipropileno de pocos metros cuadrados tendidas entre dos postes. Colocadas a favor del viento, esperan pacientemente la llegada de la niebla cuyas gotas de agua quedan atrapadas en las mallas y luego se deslizan lentamente hacia unos recipientes. Un metro cuadrado de red puede recoger hasta 14 litros de agua al día. La media es de unos 7 litros de agua diarios.

La Universidad Católica de Santiago de Chile ha creado un centro de investigación de esta tecnología, que se ha exportado a Perú, Guatemala, República Dominicana, Nepal, Namibia y a las Islas Canarias. El agua recuperada de este modo puede utilizarse para el riego y la higiene personal, y no es muy difícil transformarla en agua potable. Las redes de niebla son pues una solución eficaz para contribuir al abastecimiento de agua de las pequeñas comunidades costeras del norte de Chile, mientras que gran parte del agua que llega a Arica procede de acueductos conectados al río Lluta y a otros ríos del altiplano andino al noreste de la ciudad.

Arica, con una población de 200 000 habitantes, es uno de los pocos lugares donde el clima extremo no afecta a la cotidianidad. La ciudad, situada ligeramente por encima del trópico de Capricornio y refrescada por el efecto suavizador del océano y de la brisa resultante de la inversión térmica, goza de temperaturas muy agradables todo el año, con máximas que rondan los 27 ºC en febrero y mínimas de 14 ºC en julio. Es durante los tres meses de verano, de diciembre a febrero, cuando ocasionalmente caen algunas gotas de lluvia. De ahí que Arica se conozca como la ciudad de la eterna primavera. No es casualidad que la zona esté habitada desde hace 10 000 años, como así lo demuestran los numerosos hallazgos arqueológicos de la zona.

El desierto de Atacama

La parte sur de la región de Arica y de Parinacota linda con el desierto de Atacama, el desierto costero más árido del mundo, a excepción de los valles secos de McMurdo (ver p.xxx). La extrema sequía –llueve una media de 0,6 mm al año– se debe a la corriente de Humboldt y a la ubicación geográfica de este estrecho desierto encajonado entre la cordillera costera chilena y los Andes, una ubicación de doble sombra pluviométrica. La corriente de Humboldt frena las corrientes húmedas occidentales procedentes del Pacífico, mientras que la cordillera de los Andes bloquea por completo las corrientes del noreste procedentes del Amazonas boliviano. En este bastión de sequía inexpugnable, la lluvia es solo un sueño lejano: según el almanaque del *New York Times*, en algunas partes del desierto de Atacama no llovió nada entre 1570 y 1971.

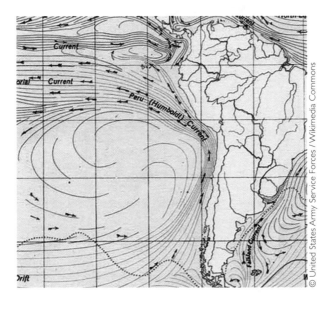

HONDURAS

NICARAGUA

COSTA
RICA   PANAMA

Caribbean Sea

VENEZUELA

GUYANA
FRENCH
GUIANA

COLOMBIA

SURINAME

ECUADOR

Galapagos
(ECUADOR)

PERU

BRAZIL

BOLIVIA

*Pacific
Ocean*

PARAGUAY

CHILE

URUGUAY

ARGENTINA

*Atlantic
Ocean*

Bahía Felix

Falkland Islands
(Islas Malvinas)
(U.K.)

South Georgia
(U.K.)

N

1 000 km

Faro Bahía Félix · Chile

El lugar donde llueve 325 días al año, un récord mundial para una zona habitada

Los cuatros oficiales de la marina chilena que mantienen el faro de Bahía Félix, en Tierra del Fuego, pueden considerar que viven en el clima más lluvioso del planeta y, probablemente, también en uno de los más ventosos.

En este remoto rincón del sur de Chile, una multitud de islotes diseminados por el océano Pacífico, en la desembocadura occidental del estrecho de Magallanes, la frecuencia de las lluvias no deja lugar a la esperanza: llueve (o nieva) una media de 325 días al año.

Las cantidades registradas por el pluviómetro de la estación meteorológica no son excesivas en comparación con otras partes del planeta, pero la frecuencia de las lluvias hace que este clima sea uno de los más extremos del mundo.

Existen varios fenómenos meteorológicos que explican este hecho: en primer lugar, la Patagonia es la única superficie terrestre del hemisferio sur (a excepción de la Antártida) que atraviesa el paralelo 50 sur. Además, si observamos el globo terráqueo veremos que existe una línea entre los paralelos 50 y 60 sur que no atraviesa ninguna otra superficie terrestre. Esto significa que las corrientes oceánicas occidentales (SWW - Souther Westerly Wind) propiciadas por la corriente en chorro polar no encuentran obstáculos en su trayecto alrededor del planeta y actúan como un generador inagotable de bandas nubosas que se desplazan rápidamente sobre un océano inmenso y frío.

Comparada con esta corriente, la Patagonia austral, y en particular su vertiente occidental donde se alza el faro de Bahía Félix parece una lengua de tierra indefensa, continuamente azotada por vientos y lluvias en cualquier estación del año. A título comparativo, en el hemisferio norte, el mayor porcentaje de superficie terrestre y la presencia de corrientes marinas cálidas hacen que la corriente en chorro sea más irregular, con zonas de bajas presiones semipermanentes que se forman a la altura de Alaska y cerca de Islandia y el noreste de Siberia. Esto genera una alternancia más compleja de altas y bajas presiones y precipitaciones que, debido a la latitud de la Tierra de Fuego chilena (la misma que Dinamarca), sigue un patrón menos constante.

El verano en el faro de Bahía Félix transcurre de noviembre a abril, con temperaturas entre 10 ºC y 2 ºC. En invierno, de mayo a octubre, la temperatura ronda los cero grados, con alternancia de lluvia y nieve. Las precipitaciones totales anuales rondan los 4600 mm. Hay algunos claros, pero solo duran unas horas. En raras ocasiones, la presión es alta y duradera: desde que se empezaran a hacer registros meteorológicos en la zona, el periodo más largo sin lluvias ha sido de 8 días.

El faro Bahía Félix

La torre del faro, de 14 metros de altura, se inauguró en 1907 con el fin de controlar la navegación en el estrecho de Magallanes, paso estratégico para las rutas marítimas del mundo desde que lo descubrió el navegante portugués Fernando de Magallanes en 1520. Su construcción se inició tras el tratado con Argentina de 1881, cuando Chile cedió el control exclusivo del estrecho de Magallanes. Tras más de treinta incidentes entre 1869 y 1894, la mayoría de los cuales supusieron la pérdida de barcos, vidas y cargamentos valiosos, el gobierno chileno decidió dotar las costas del sur de un sistema de señalización adecuado, que fuera operado y mantenido por técnicos debidamente formados. El proyecto fue encomendado al ingeniero George Slight Marshall, quien diseñó 70 faros, entre ellos uno en un islote de Bahía Félix, de incalculable valor dado que está situado en un lugar especialmente expuesto a la intemperie, en la entrada oeste del estrecho de Magallanes. En la actualidad, el faro alberga una estación de radio, una oficina de aduanas, un muelle y una sala de reparaciones. Accesible solo por helicóptero, pertenece a la marina chilena con cuartel general en Punta Arenas.

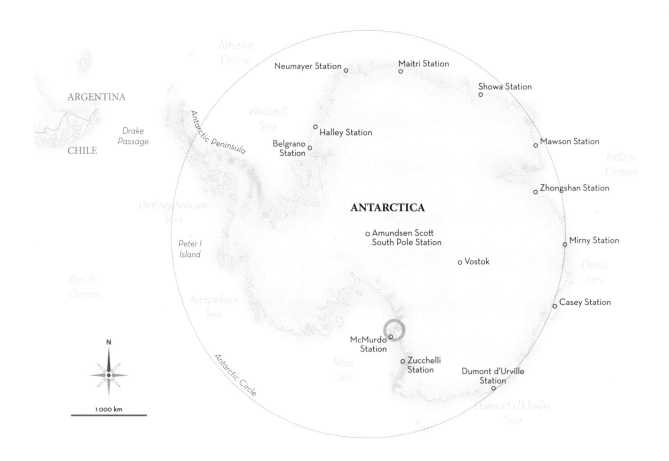

Valles secos · Antártida

El desierto más árido del mundo donde nunca llueve

Los valles secos (*Dry Valleys*) de McMurdo son una anomalía en el paisaje antártico. Situados en una zona próxima al mar de Ross, cerca de la estación estadounidense que les da nombre, aquí las lluvias son totalmente inexistentes, algo único en el mundo (los desiertos más áridos, como el de Atacama, tienen una media de 1 mm al año).

El resultado es un escenario digno de Marte, lo que explica que la zona se utilice como base experimental para los equipos de las expediciones al planeta rojo. A diferencia de otras partes de la Antártida, los valles secos no están cubiertos de hielo ni de nieve: su color es permanentemente marrón oscuro. ¿Cómo se explica este clima extremo y este suelo?

Debemos partir de la base de que en toda la Antártida las lluvias alcanzan apenas los 166 mm anuales, cifra que permite clasificar este continente como desértico (se considera que el clima de un lugar es desértico cuando las precipitaciones son inferiores a 250 mm anuales). En el centro de este clima, ya de por sí árido, la meseta antártica y los montes Transantárticos desempeñan un papel importante. En las zonas del interior, el aire que entra en contacto con la gruesa y extensa capa de hielo se enfría y aumenta su densidad. Comienza entonces a deslizarse hacia la costa como una «cascada de aire». Durante este proceso, a pocos kilómetros del mar de Ross, la masa de aire golpea la cordillera Transantártica (una pared de más de 4500 metros de altura), obligándolo a elevarse bruscamente sobre las crestas y a descender a gran velocidad por los valles secos de McMurdo. El viento que se forma se llama catabático o viento descendiente, porque nace de las masas de aire muy frío que se deslizan por pendientes pronunciadas. Puede alcanzar velocidades de 300 km/h y su principal característica es que seca el aire, privándolo de toda humedad. Cual mago, el viento catabático de Valles Secos hace «desaparecer» las nubes y los copos de nieve. Así, antes de que los copos se posen en el suelo, el viento provoca su sublimación, es decir, la transformación de diminutos cristales de hielo en gas. En estos valles, el viento también es responsable de unas extrañas esculturas conocidas como ventifactos, unas grandes rocas de formas insólitas pulidas por la acción erosiva de las partículas de arena que levantan las corrientes de aire. El viento y la ausencia de humedad impiden también que se forme hielo en el suelo, y los valles en cuestión están condenados a permanecer eternamente como extensiones desnudas de granito y piedra caliza. Solo durante el corto periodo de verano se forman algunos estanques y un arroyo, el Onyx, gracias al deshielo temporal de los glaciares cercanos.

A unos 90 km de los valles secos, la presencia humana más cercana es la estación estadounidense McMurdo, que puede albergar hasta 1000 personas en verano y unas 200 en invierno. Es la mayor base antártica y combina las funciones de base científica y centro logístico con un puerto, tres pistas de aterrizaje, un helipuerto y más de 100 edificios. Los científicos de la estación participan en el Programa Antártico de Estados Unidos, encargado de coordinar la investigación en la región. Los estudios llevados a cabo en Valles Secos han revelado la presencia de microorganismos extremófilos, como líquenes, musgos y comunidades microbianas que incluyen cianobacterias y nematodos (unos fideos diminutos). Incluso en el desierto más árido del mundo, la vida se abre camino.

Los desiertos del planeta

Se dice que una zona es desértica cuando registra menos de 250 mm de lluvia al año (por ejemplo, el Sáhara central no supera los 50-100 mm anuales). En función de la temperatura, el planeta se divide en desiertos cálidos, fríos y polares. Los desiertos cálidos se encuentran en regiones subtropicales y tropicales. Entre los principales se encuentran el Sáhara, el Namib, el Kalahari, el Rub al-Jali (Arabia), Atacama, el desierto sirio, el desierto de Chihuahua (México y Estados Unidos), el desierto de la Gran Cuenca (oeste de Estados Unidos) y el Gran Desierto Arenoso (Australia).

Los desiertos fríos se encuentran en los climas continentales de las zonas templadas y se caracterizan por tener variaciones de temperatura muy grandes, tanto diarias como estacionales. Los principales desiertos fríos son el desierto de Gobi (-40 °C en invierno y +45 °C en verano), el de Karakum en Turkmenistán y la meseta del Colorado en Estados Unidos.

Entre los entornos más extremos del planeta, los desiertos polares se caracterizan por sus extensiones de nieve y hielo perennes en un clima gélido. Comprenden la Antártida, el Ártico y Groenlandia. Además de hielo, su paisaje también está formado por lechos rocosos y llanuras de grava.

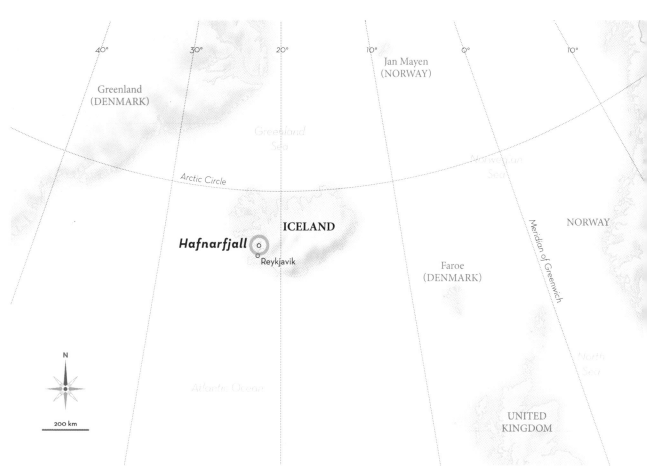

Estación meteorológica de Hafnarfjall · Islandia

Viento huracanado en Hafnarfjall

Para un islandés, «buen tiempo» significa básicamente «sin viento».

Puede llover, nevar, que haya niebla o temperaturas bajo cero, pero es la presencia o ausencia de viento lo que determina si el día es agradable o no.

En Islandia, el viento puede alcanzar rachas de más de 200 kilómetros por hora y jugar malas pasadas. Si no se está familiarizado con el clima local, hay que tener mucho cuidado: por ejemplo, las puertas de los coches suelen salir despedidas, de ahí que se aconseje a los turistas que contraten un seguro que cubra los daños causados por las inclemencias meteorológicas.

No hay rincón de su geografía que se libre de esta condición, sobre todo teniendo en cuenta la ubicación geográfica del país en medio del océano Atlántico y justo debajo del círculo polar ártico. Eso sí, hay zonas a las que llegan vientos especialmente fuertes, similares a un huracán.... Los ciclones atlánticos se desplazan de oeste a este y las bajas presiones más profundas suelen estar al sur de Islandia. Como consecuencia, los vientos más fuertes son los que soplan en dirección este/sureste, atraídos por la presión más baja que se desplaza hacia el este. Las zonas más expuestas, por tanto, son las de la costa suroeste.

Un ejemplo: la estación meteorológica de Hafnarfjall, situada a 40 kilómetros de Reikiavik, a los pies de la cordillera de Skarðsheiði, registró el 14 de febrero de 2020 una ráfaga procedente del este que soplaba a 255 kilómetros por hora. La furiosa velocidad del viento se vio favorecida por la presencia de las montañas situadas detrás del núcleo urbano, unos relieves que han multiplicado el efecto de deslizamiento de los ya fortísimos vientos procedentes del este (el fenómeno en cuestión se denomina «viento ascendente» o «catabático»)

Los establecimientos en este tramo de carretera se limitan a dos hoteles. No hay vegetación ni nada que obstaculice los desplazamientos de aire. Por lo tanto, antes de viajar por esta parte de la «Ring Road», se recomienda encarecidamente consultar el pronóstico del tiempo. La previsión meteorológica oficial de toda Islandia (Icelandic Met Office) puede consultarse en vedur.is.

© NASA/GSFC, Jacques Descloitres / Wikimedia Commons

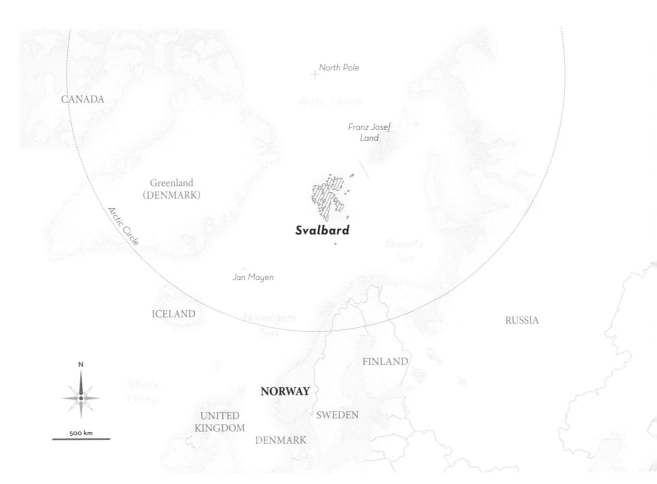

Pyramiden · Islas de Svalbard, Noruega

El lugar más septentrional del mundo, donde han llegado a vivir
más de 1000 personas de forma permanente

Tormentas de nieve, temperaturas invernales casi siempre inferiores a -20 ºC con un récord de -46 ºC, fuertes vientos, suelos cubiertos de nieve 250 días al año, osos polares que deambulan, imperturbables… Por no hablar de la larga noche polar (el sol no sale desde finales de octubre hasta mediados de febrero).

Estas son las condiciones invernales de Pyramiden, en las islas de Svalbard, el lugar más septentrional del mundo, donde han llegado a vivir más de 1000 personas de forma permanente.

Su clima es, cuando menos, único, como lo es la historia de este puesto avanzado del Polo Norte, a 79º de latitud norte, que sigue habitado en la actualidad.

A finales de los años 1920, tras el Tratado de Svalbard, la compañía minera Russkj Grumant adquirió el derecho de explotación de algunos yacimientos de carbón a unos 60 kilómetros al norte del Longyearbyen, la ciudad más importante de estas islas árticas. Después de que el ejército alemán destruyera la única base minera durante la Segunda Guerra Mundial, la actividad no volvió a despegar hasta los años 1960, aún en manos de empresas estatales soviéticas, hasta el punto de que nació una comunidad de residentes permanentes.

Por aquellos años, la colonia se llamaba Pyramiden por la montaña en forma de pirámide situada detrás de la ciudad, con vistas a la bahía de Adolfbukta. Las extremas condiciones climáticas no desalentaron a las autoridades soviéticas, que levantaron una ciudad en miniatura con todas las infraestructuras necesarias para el desarrollo de una «sociedad ideal».

Entre los años 1960 y 1980, Pyramiden llegó a tener más de 1000 habitantes: tenía una guardería, una escuela primaria, una piscina climatizada con agua del mar, un hospital equipado para operaciones quirúrgicas, una biblioteca con más de 50 000 volúmenes, un cine teatro con 300 butacas, gimnasios, una cancha de baloncesto y un campo de fútbol. Las casas no tenían cocina, por lo que las comidas se servían en un gran comedor comunitario. En su plaza se alza una estatua de Lenin, la más septentrional del planeta.

Aparte del interés económico de la minería, la razón de la existencia de Pyramiden era clara: la URSS quería demostrar al resto del mundo su capacidad para llevar vida humana al reino de los osos polares, de las tormentas de nieve y del hielo.

El declive de Pyramiden empezó en 1991, con la caída de la Unión Soviética. La colonia quedó totalmente abandonada en 1998, cuando invitaron a los últimos 300 habitantes a buscarse un nuevo alojamiento. Ahora, durante los meses de verano, se pueden hacer visitas guiadas a una de las ciudades fantasma más fascinantes del planeta, debido al buen estado de conservación de los edificios como resultado del clima helado.

A Pyramiden solo se puede llegar por tierra en moto de nieve, aunque también existe la opción de hacerlo en el barco Polar Charter desde Longyearbyen.

Otra de las razones del renovado interés turístico es la rehabilitación llevada a cabo en 2013 en el hotel Tulpan, el único edificio de la localidad con electricidad. De marzo a octubre podrá alojarse en este hotel, de estilo rigurosamente soviético, visitar su pequeño museo y disfrutar de su excelente restaurante. En la actualidad, seis habitantes se turnan para mantener Pyramiden vivo, un lugar surrealista en los confines de la Tierra y de clima hostil.

Vanna · Noruega

Bajas polares: los huracanes árticos

Desde tiempos inmemoriales, los marineros escandinavos cuentan historias de encuentros peligrosos con tormentas marítimas repentinas e intensas, conocidas en meteorología como bajas polares. Son zonas de bajas presiones pequeñas y profundas, difíciles de pronosticar porque se forman rápidamente en 24-36 horas y con un diámetro de apenas 100-300 kilómetros. A pesar de su pequeño tamaño, estas tormentas van acompañadas de condiciones atmosféricas extremas.

Una baja polar trae consigo cambios meteorológicos repentinos: se producen tormentas de nieve, se cierran las carreteras y los aeropuertos, los vientos pasan de ser brisas ligeras a vientos huracanados en menos de 10 minutos, la visibilidad es baja y se forman olas atípicas en el mar.

Vanna, una isla de la costa noruega al norte de Tromso, más allá del círculo polar ártico (latitud 70º N) es, por su situación geográfica, un lugar especialmente expuesto a la furia de este tipo de tormentas.

En invierno, el mar de Noruega, calentado por la corriente del Golfo, es 30 ºC más cálido que otras zonas situadas al norte (donde se extiende la banquisa) y al este (las zonas continentales de Escandinavia), donde las temperaturas descienden muy por debajo de cero. Esta divergencia térmica da lugar a la formación de dos grandes zonas con presiones muy diferentes, lo que hace que la parte europea del océano Atlántico situada entre 50º N y 75º N se convierta en una zona sensible para la formación de ciclones invernales de mediana escala.

Si, de octubre a abril, un descenso de corrientes heladas procedentes del polo atraviesa esta franja, el delicado equilibro termodinámico se rompe y la atmósfera sufre una brusca mezcla. El aire más templado y húmedo se eleva y, debido al contraste entre estas distintas variables físicas, se producen movimientos convectivos que forman nubes de desarrollo vertical (cumulonimbus) cargadas de energía. La baja presión resultante adquiere el aspecto de un pequeño ciclón, con un núcleo menos frío (el ojo) que se asemeja mucho al de sus homólogos tropicales más conocidos, hasta el punto de que las bajas polares suelen denominarse huracanes árticos.

Este fenómeno también se produce en algunas partes de Alaska y en el norte de Japón, pero la costa noroccidental noruega se ve afectada con mayor frecuencia. La parte más intensa de estos fenómenos atmosféricos asociados a estas depresiones se descarga en el océano y en la costa. La energía en movimiento se disipa a medida que la depresión abandona el mar y sigue su camino hacia tierra firme, donde pierde la fuerza necesaria para su desarrollo.

Otra razón por la que Vanna es un objetivo privilegiado de las tormentas árticas es su orografía, es decir, la forma del terreno. La isla tiene una superficie de apenas 232 kilómetros cuadrados, pero tiene dos montañas, Vannkista y Peppertinden, cuyos picos superan casi los 1000 metros. Su presencia potencia la fuerza de las malas condiciones atmosféricas, tanto en términos de viento como de precipitaciones. Y es que las fuertes pendientes de las montañas aceleran la velocidad del viento por el efecto «viento descendente» (corriente catabática), favoreciendo las fuertes nevadas debido al mecanismo de barrera («efecto ASE (Adriatic Snow Effect)») de las precipitaciones procedentes del oeste-noroeste. La tormenta ártica de octubre de 2011, que volcó un barco matando a uno de sus tripulantes, fue una de las peores que hubo en Vanna. La produjo una baja polar que surgió cerca del pueblo de pescadores de Torsvåg, al norte de la isla.

Los orígenes y características de este fenómeno fueron un misterio hasta finales de los años 1970, cuando los satélites de infrarrojos permitieron identificar estos huracanes en forma de coma o de espiral.

El albergue de lo extremo creado por un marinero italiano

Vanna, con una población de unos 800 habitantes, se sitúa, sin duda alguna en los confines del mundo. Fueron precisamente sus características extremas las que impulsaron al marinero y escritor italiano Marco Rossi a abrir el Nordlight, un refugio para viajeros y lectores. Al sureste de la isla, en un terreno de 15 hectáreas con una playa kilométrica y un faro, Rossi ha rehabilitado dos edificios de madera: la Casa Rossa y la Casa dei Libri, dos residencias amuebladas con materiales locales, con habitaciones cuidadas hasta el más mínimo detalle, donde hay grandes mapas y atlas geográficos. Una estufa de leña calienta las salas comunes y la electricidad procede del parque eólico que hay cerca. Los grandes ventanales parecen hechos a propósito para observar las tormentas y las auroras boreales. Marco Rossi decidió instalarse en Vanna tras una vida como marinero viajando por el mundo entero: enamorado del frío y del océano, afirma que «Nordlight es un refugio para viajeros en el fin del mundo, donde los que llegan pueden sumergirse en la lectura y encontrarse consigo mismos».

Fairbourne · Gales, Reino Unido

El pueblo donde se prevé que el nivel del mar suba un metro
y que deberá «desalojarse de aquí a 2045»

¿Qué tipo de clima extremo puede sufrir un pueblo de la costa galesa, habitado mitad por jubilados y mitad por veraneantes británicos en busca de paz y tranquilidad? La respuesta está en los efectos del calentamiento global y la consiguiente subida del nivel del mar que amenaza a las poblaciones costeras del mundo, una amenaza que se hace notar aún más en Fairbourne.

Las primeras casas del pueblo se construyeron en los años 1920 cerca de la playa, en una gran bahía aluvial, justo al sur del Afon Mawddach, un importante estuario donde confluyen los ríos procedentes de Snowdonia, la región más alta de Gales.

Fairbourne ha conocido una expansión limitada (solo tiene 700 habitantes), pero, a pesar de su tamaño, el pueblo se ha convertido en un caso «climático»: un informe del Consejo de Gwynedd ha revelado que la zona ya no será habitable en 2054 y que tendrá que ser «desalojada de aquí a 2045».

Se prevé que en los próximos 30 años el nivel del mar aumente un metro debido a la erosión costera, a las tormentas cada vez más fuertes y al calentamiento global. En un futuro no muy lejano, la subida del nivel del mar podría combinarse con una de las crecidas del Afon Mawddach, algo bastante probable teniendo en cuenta que las precipitaciones en las alturas de Snowdonia alcanzan los 3000 – 4000 milímetros anuales. Así las cosas, no parece haber nada que salve Fairbourne. Por su parte, los habitantes se quejan, ya que la alarma ha hecho que el mercado inmobiliario caiga en picado y que ya no se concedan préstamos para la compra o construcción de nuevas viviendas.

Hay también quien no cree en esta posibilidad y se niega a que se los considere los primeros refugiados climáticos potenciales de Europa.

Entretanto, la opinión pública galesa invita a tomar ejemplo de los Países Bajos, que llevan siglos trabajando en contener las mareas y obteniendo buenos resultados. Lo cierto es, sin embargo, que ante el cambio climático, el propio Gobierno holandés adoptó un nuevo enfoque en 2006, convirtiendo terrenos agrícolas en llanuras aluviales y, en algunos casos, animando a la gente a mudarse.

La empresa de tutela territorial Natural Resources Wales ha informado que está trabajando en una solución para ayudar a poblaciones como Fairbourne, ya que el cambio climático podría dejar en la incertidumbre a otras ciudades y pueblos ubicados en este mismo trozo de costa.

El bise · Suiza

El viento que congela el lago Lemán

Entre los muchos vientos que soplan en los valles suizos, hay uno especialmente violento, capaz de provocar, ayudado por las aguas del lago Lemán, un fenómeno curioso (y extremo) que congela superficies expuestas a las salpicaduras de agua.

El bise –así se llama– es un viento que nace cuando un anticiclón aparece entre Francia y Reino Unido y una zona de bajas presiones se instala sobre el Mediterráneo.

En estas condiciones, el noroeste de Suiza queda atrapado entre dos medidas barométricas opuestas. En un mapa meteorológico, esta línea divisoria está marcada por isobaras cada vez más estrechas, sinónimo de vientos tormentosos.

La dinámica atmosférica resultante es un «río» de aire frío y seco que se canaliza desde Europa continental, entre el macizo del Jura y los Alpes saboyanos, hacia el lago Lemán.

A medida que el valle se estrecha, el viento experimenta una mayor comprensión, una especie de efecto embudo, y alcanza velocidades superiores a 100 kilómetros por hora.

El bise barre literalmente la superficie del lago, creando olas más parecidas a las del mar que a las de un lago. En invierno, con este viento, las temperaturas pueden descender por debajo de 0 ºC incluso de día, y se dan las condiciones propicias para la espectacular congelación de la orilla suroeste del lago –la más expuesta al viento– entre Ginebra y Versoix.

Fue precisamente en Versoix donde, en febrero de 2012, un fenómeno de bise alimentado por aire siberiano creó a lo largo del lago un paisaje de hielo. Las salpicaduras de las olas que rompían en las barandillas y en el embarcadero eran arrastradas por el viento a decenas de metros de distancia, donde se congelaban instantáneamente en cuanto tocaban el suelo.

Coches, farolas, bancos y aceras quedaron cubiertos de una gruesa capa de hielo que paralizó durante varios días la actividad a orillas del lago. Todos los años hay episodios de bise en el lago Lemán, pero los más intensos, ligados a grandes formaciones de hielo como en 2012, ocurren con menos frecuencia, cada siete años aproximadamente.

La Brévine · Cantón de Neuchâtel, Suiza

Un lugar de inversión térmica de proporciones realmente impresionantes: un valle con 15 ºC menos que en las zonas limítrofes

El 12 de enero de 1987, la estación meteorológica de La Brévine, en Suiza, registró la casi increíble temperatura de -41,8 ºC. Si nos ceñimos únicamente a lugares habitados, esta temperatura representa un récord para el territorio suizo. Y para La Brévine, marcó el comienzo de una cierta notoriedad.

Estamos en el cantón de Neuchâtel, junto a la frontera francesa, en una región de exquisita belleza en las montañas del Jura. El pueblo se encuentra en un altiplano protegido por las montañas, a 1043 metros de altitud. Los cerca de 600 habitantes de La Brévine conocen bien el fenómeno meteorológico que provoca una helada extrema en las noches de invierno: se llama inversión térmica y se da cuando hace más frío en el valle que en las montañas. Se trata de un fenómeno conocido en el mundo entero que aquí se manifiesta en proporciones realmente impresionantes.

Durante los periodos de altas presiones que siguen a las olas de frío invernal, la escarcha se deposita en las capas inferiores de esta cuenca plana, formando una especie de revestimiento pegado al suelo. Es durante esta fase cuando el parámetro morfológico interactúa con el parámetro climático: en las noches tranquilas y secas, si el suelo está cubierto de nieve, la dispersión del calor que el suelo acumula durante el día es mucho más rápida (además de la radiación normal, se produce un segundo fenómeno físico: la sustracción de calor latente de la atmósfera debido a la sublimación de la nieve y los cristales de hielo en el aire seco, conocido como efecto albedo).

Según el mecanismo de inversión térmica, el suelo «transmite» frío a la capa de aire con la que entra en contacto, mientras que unas decenas de metros más arriba la columna de aire se enfría de una forma más moderada, al no verse afectada por esta dinámica.

Los responsables de algunas actividades de La Brévine y el propio ayuntamiento han hecho del frío un símbolo, o mejor aún, una marca. Para decorar la casa, van a Meubles Alaska, la ropa para deportes de invierno se compra en Siberia Sport y los turistas se alojan en la Auberge du Loup-Blanc. ¿Y para cenar? El restaurante L'Isba, por supuesto, cuyo nombre hace referencia a las tradicionales casas rurales rusas, todas de madera.

Muchos turistas vienen a descubrir la pequeña Siberia suiza incluso en verano, cuando los 25 ºC que hay durante el día dan paso a noches frescas, con el termómetro por debajo de los 5 ºC en pleno mes de julio. Una verdadera panacea en estos tiempos de calentamiento global.

Aun así, La Brévine no escapa al cambio climático: los inviernos con pocas nevadas son cada vez más frecuentes y en el verano de 2019 se registraron temperaturas máximas de hasta 30 ºC durante 15 días seguidos. Teniendo en cuenta que el récord de calor, que data de 2006, es de 36 ºC, se puede afirmar que en esta parte de Suiza la variación térmica es de casi 78 ºC, una de las más amplias del planeta..

En este valle, la temperatura puede bajar 15 °C más que en las zonas limítrofes. La temperatura mínima en La Brévine es con frecuencia más baja que en las cumbres alpinas, a más de 2500 metros.

© Chriusha (Хрюша) / Wikimedia Commons

Capanna Punta Penia · Marmolada, Italia

Un blanco privilegiado para los rayos: el sonido de la electricidad propagándose por las superficies puede ser aterrador

El refugio Capanna Punta Penia está situado en la montaña de la Marmolada, a 3343 metros, el punto más alto de los Dolomitas. El guía alpino Giovanni Brunner lo construyó a finales de los años 1940, sobre lo que había sido una base militar austriaca de la Primera Guerra Mundial. Su altitud lo convierte en un lugar extremo desde el punto de vista meteorológico. No solo en invierno, cuando el frío y las tormentas dejan el glaciar inaccesible, sino también en verano, periodo de violentas tormentas, borrascas y repentinas nevadas nocturnas.

Carlo Budel, de 49 años, gerente del Capanna Punta Penia, lo sabe bien. Cada mes de junio sube a la Marmolada para quitar la nieve de la estructura, calentarla y darle vida para acoger a los numerosos excursionistas que suben a la cima en julio y en agosto.

En verano, cuando las infiltraciones de aire más frío a gran altura penetran en la burbuja de aire cálido que se extiende sobre el centro y el sur de Europa, se forman rápidamente nubes *cumulonimbus* sobre los Alpes, listas para descargar su energía sobre las crestas rocosas.

La Capanna es un blanco privilegiado para los rayos. Cualquiera que haya estado dentro de él durante una tormenta recordará siempre la sucesión de explosiones ensordecedoras.

Los huéspedes no corren peligro porque la carcasa metálica del refugio funciona como una jaula de Faraday y la energía se descarga en el suelo sin afectar a las personas. Sin embargo, el ruido de la electricidad que se propaga por las superficies, sobre todo si la tormenta estalla de noche, puede ser aterrador.

El Centinela de las Dolomitas, nombre con el que ha sido rebautizado Budel, encarna esa capacidad humana de adaptarse a todas las situaciones, incluso a las que parecen imposibles. Obrero en una línea de montaje durante 20 años, Budel vio la posibilidad de renovarse con la oportunidad de gestionar el refugio y lo dejó todo para rehacer su vida a más de 3000 metros de altitud. Aparte de las tormentas, el verano aquí es una estación increíble: amaneceres y atardeceres indescriptibles y la posibilidad, a veces, de estar por encima de las nubes.

Sin embargo, el calentamiento global está afectando gravemente a la Marmolada y prueba de ello es la catástrofe ocurrida el 3 de julio de 2022, cuando un *serac* de más de 80 metros de alto y 200 metros de ancho se desprendió de la cara norte del glaciar, entre Punta Penia y Punta Rocca, matando a 11 personas. En ese momento, la temperatura en Punta Penia había superado en siete ocasiones los 10 ºC, con un pico de 13 ºC el 20 de junio (la media máxima en julio es de 2 a 3 ºC).

Desde el 7 de octubre de 2022, hay una estación meteorológica en Punta Penia monitorizando las condiciones meteorológicas en tiempo real, que pueden consultarse en marmoladameteo.it. El observatorio empezó a funcionar justo a tiempo para registrar una temperatura récord en periodo otoñal: 7,3 ºC el 29 de octubre de 2022.

Roccacaramanico · Abruzos, Italia

La región italiana que ostenta el récord mundial oficioso de nevadas diarias

Las montañas de los Abruzos, sobre todo las que dan al este, como la Majella, registra nevadas muy elevadas en invierno que compiten en volumen de acumulación con las estaciones alpinas, las regiones de Alaska o las del norte de Japón.

Casi todos los años, el pueblo de Roccacaramanico, perteneciente al municipio de Sant'Eufemia a Maiella, en la provincia de Pescara, queda sepultado bajo la nieve.

En él viven oficialmente tres personas (el número aumenta un poco en verano), a 1050 metros de altitud.

La peculiaridad de este microclima se debe a la disposición de las cadenas montañosas que rodean el pueblo. El dorsal de la Montagne de Morrone (2061 metros), al oeste, y el macizo de la Majella (2795 metros), al este, forman un amplio valle que se cierra en una especie de embudo justo detrás de Roccacaramanico. Sin embargo, en la vertiente noreste, frente al mar Adriático, no hay obstáculos y el paisaje desciende suavemente hacia la costa.

En invierno, esta brecha orográfica se convierte en una autopista para los gélidos vientos balcánicos: debido a la irrupción del frío procedente del este de Europa, el gregal recoge la humedad sobre el Adriático y produce densos cúmulos de nubes que se dirigen hacia Roccacaramanico, donde llegan las nubes y las precipitaciones.

Este fenómeno, conocido como efecto ASE (Adriatic Snow Effect) en meteorología, funciona como una auténtica fábrica de nieve. En Roccacaramanico puede nevar durante días con una intensidad asombrosa. La región ostenta de hecho el récord mundial oficioso de nevadas diarias: el 17 de diciembre de 1961 se registró una acumulación de 365 centímetros en 24 horas, cifra citada por el famoso meteorólogo italiano Bernacca, pero no confirmada por las autoridades oficiales. La nevada media de Roccacaramanico es de unos 3 metros al año, con un pico de 10 metros registrado en el gélido año 2019.

Completamente abandonado en los años 1960, hoy el pueblo está reviviendo gracias a la intervención del Parco Nazionale della Majella, a la existencia de un museo etnográfico, de algunos pequeños alojamientos y de un bar.

Otra curiosidad: como consecuencia de la despoblación de la zona, en la década de los años 1980 quedó solo una habitante, Angiolina Del Papa, quien durante años «preservó» el pueblo y se ocupó de la iglesia como sacristana.

Viganella · Piamonte, Italia

*Un espejo en el corazón de las montañas refleja la luz del sol
sobre un pueblo de los Alpes occidentales que permanece en la sombra
desde el 11 de noviembre al 2 de febrero*

A 1050 metros de altura, una hoja de acero de 8 por 5 metros, enteramente de vidrio y resina, se ancla al suelo para reflejar los rayos del sol hacia un pueblo situado más abajo, relegado a la sombra desde el 11 de noviembre hasta el 2 de febrero.

Estamos en el Piamonte, en Viganella, en el valle de Antrona.

Tal y como sugiere el topónimo *antro*, este es un valle cerrado por ambos lados hasta el punto de que recuerda a una cavidad oscura y profunda, un lugar donde la ausencia de luz evoca la noche polar en el Ártico, pero sin las auroras boreales.

El pueblo tiene su origen en el siglo XIV, cuando carboneros y mineros, atraídos por los yacimientos de hierro del valle d'Ossola, vinieron a instalarse en este remoto rincón de los Alpes occidentales. Dada la elección del emplazamiento, cabe suponer que el sol no era la prioridad de los habitantes de aquella época.

El pueblo creció y se mantuvo vivo toda la Edad Media, encontrando un nuevo impulso con la llegada de la electricidad. El punto de inflexión «climático» para Viganella se produjo en 1999, cuando el alcalde Franco Midali informó al gnomonista y arquitecto Giacomo Bonzani, entonces encargado de crear un reloj de sol en la iglesia parroquial, de que el reloj de invierno no servía para nada, por razones obvias.

Fue entonces cuando nació la descabellada idea: «¿Por qué no llevar artificialmente el sol a la plaza?» El arquitecto, un auténtico visionario, se volcó en el proyecto de este espejo. La obra vio literalmente la luz el 17 de diciembre de 2006. El invento, de 40 metros cuadrados y 11 kilos, fue transportado en helicóptero e instalado en la montaña situada detrás del pueblo.

Desde aquel día, este pequeño «sol artificial» proporciona seis horas de luz que se reflejan en la plaza de Viganella, para gran alegría de sus 200 habitantes. Un ordenador regula su funcionamiento: reposicionado tras cada puesta de sol en función de las variaciones de la incidencia de la luz solar, a la mañana siguiente puede reanudar su paciente labor de suavizar los rigores del invierno.

© Silvia Camporesi

© Angela Larcher

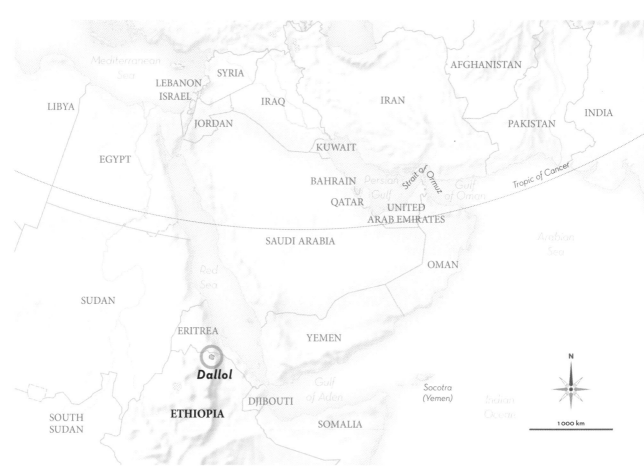

Dallol · Etiopía

La temperatura media anual más alta del mundo

Dallol, una antigua explotación minera situada en medio de una red de cráteres volcánicos en la región de Danakil, al noreste de Etiopía, es uno de los pocos lugares del mundo donde se puede ver la energía primordial que alimenta el núcleo de la Tierra.

Aquí, la temperatura media anual supera los 34 ºC, la más alta del planeta. Las temperaturas máximas oscilan entre 38 ºC y 45 ºC todo el año, y las mínimas entre 30 ºC y 25 ºC. La lluvia es casi inexistente.

Este clima extremo, combinado con las condiciones geológicas de la zona, ha convertido a Dallol en la «puerta del infierno».

El contexto medioambiental es el del triángulo de Afar, una vasta depresión cubierta de sal cristalizada tras la retirada del mar Rojo hace unos 20 000 años. Bajo este yacimiento, que representa el punto más bajo de África, se encuentran tres placas tectónicas en constante expansión que forman una cámara magmática de enormes dimensiones, un auténtico afloramiento de material del manto terrestre.

La lava que fluye cerca de la superficie origina una red de géiseres y da lugar a un mundo de concreciones y cristales de cloruro de potasio, sodio y magnesio. Las erupciones freáticas del volcán principal, Erta Ale, han creado un paisaje de agujas rocosas inmersas en los gases que se estancan sobre las lagunas ácidas.

La sal de la depresión, mezclada con azufre, crea formaciones cristalinas de colores psicodélicos.

En la lengua local, *Dallol* significa «disuelto», en referencia a las lagunas ácidas que suelen ser trampas mortales para animales y humanos. El calor del suelo, combinado con el del aire, hace que la llanura que rodea los cráteres sea «incandescente».

En esta burbuja ardiente, las siluetas de cabañas de barro y ramas parecen igual de parpadeantes que los espejismos. El único pueblo nómada capaz de sobrevivir en esta zona son los Afar, dedicado la extracción y al transporte (en caravanas de camellos) de la sal, actualmente su única fuente de comercio y, por tanto, de subsistencia.

El paisaje lunar de Dallol también alberga vestigios de la actividad minera del siglo pasado, cuando la empresa italiana Comina, del grupo Montecatini, extraía cloruro potásico para la fabricación de explosivos, sobre todo durante la Primera Guerra Mundial.

El encanto y los asombrosos colores del lugar más caliente del mundo son ahora objeto de interés de un cierto turismo, y no es raro cruzarse con filas de personas subiendo las laderas del Erta Ale. Para llegar hasta allí, hay que hacerlo con agencias especializadas. También es obligatorio ir acompañado de un guía Afar y, debido a la inestabilidad política, de un policía armado.

Jartum · Sudán

Haboob: *la tormenta de arena que engulló Jartum*

Parece la escena apocalíptica de una película de ciencia ficción, sin embargo, se trata de un fenómeno natural de lo más habitual en muchas zonas del Sahel, de Oriente Medio, de Asia Central y de Texas. Hablamos de una tormenta de polvo a gran escala, similar a un muro de cien metros de altura y de hasta 100 km de ancho, que se crea a partir de violentas tormentas eléctricas antes de propagarse a grandes distancias a una velocidad media de 60 km/h.

Uno de los países más afectados por este fenómeno atmosférico (hasta 24 al año) es Sudán, sobre todo los alrededores de su capital, Jartum. Allí, las tormentas de arena se conocen como *haboob* (del árabe *habb*, viento) y su formación sigue un patrón muy preciso.

En verano, de abril a octubre, la zona de convergencia intertropical (ITCZ) tiende a desplazarse hacia el norte. Por su parte, los vientos alisios del este empiezan a soplar hacia Sudán desde las altas mesetas de Eritrea y Etiopía. Sobre las montañas de dichos países se crean entonces unas zonas tormentosas que, empujadas hacia el oeste por los vientos alisios en capas más altas, pierden su humedad y atraen fuertes corrientes del noreste procedentes del desierto de Bayuda, al norte de Jartum. Las turbulencias generadas por este mecanismo producen un viento que levanta los granos de arena: los más grandes viajan al entrar en contacto con el suelo y los más pequeños quedan suspendidos en la atmósfera. En algunos casos, como hemos dicho, los vientos pueden formar un auténtico muro de polvo, dando lugar al famoso fenómeno de cielo rojo. El *haboob* se produce cuando la visibilidad desciende por debajo de los 500 metros, aunque en pleno corazón de la tormenta solo se puede ver a unos pocos metros y se hace difícil respirar.

Se puede prever estos episodios de *haboob* gracias a la observación por satélite y a modelos meteorológicos, y así cerrar con antelación los aeropuertos, las calles, y las escuelas. Si estás en la calle, tendrás que aguantar unos 20 minutos, el tiempo que tarda en pasar el muro de arena (aunque el resto de la tormenta puede durar hasta tres horas), y respirar tapándote con un paño húmedo.

Kuwait · Kuwait

El récord mundial de calor en un lugar habitado

El 31 de julio de 2012, la estación meteorológica de la ciudad de Kuwait registró una temperatura máxima de 52,1 ºC, todo un récord para la capital de Kuwait. Sin embargo, este Estado, que se asoma a las aguas del golfo Pérsico, está acostumbrado a temperaturas insoportables de junio a agosto.

Basta con recordar que Kuwait ostenta el récord mundial de calor en un lugar habitado si tenemos en cuenta los 54 ºC registrados en Mitribah el 21 de julio de 2016 (el récord mundial lo tiene Furnace Creek, en el valle de la Muerte en California, con sus 56,7 ºC, pero allí no vive nadie).

En Kuwait, los habitantes afrontan el calor veraniego de la forma más sencilla: evitándolo. Durante los sofocantes meses de verano, cuando las temperaturas mínimas bajan rara vez de 30 ºC, la mayoría de los habitantes se refugian en los despachos y las casas equipados con aire acondicionado y solo salen para ir a los centros comerciales climatizados, en sus coches también climatizados. En una ciudad sin apenas zonas de sombra al aire libre, el centro comercial es el único espacio público donde la gente puede pasear.

Como la ciudad de Kuwait es moderna y especialmente rica – se construyó con dinero del petróleo –, muchos pueden permitirse evitar el calor. Muchos, aunque no todos. Una parte de la población, a menudo trabajadores inmigrantes del sudeste asiático, se ve obligada a afrontar al calor, arriesgando su vida o perdiéndola.

La arquitectura de la ciudad favorece estas temperaturas estivales demenciales: el predominio del cemento y del asfalto hace que, efectivamente, las temperaturas suban por la tarde, cuando las superficies duras empiezan a soltar el calor que han absorbido por la mañana. Como demuestra un estudio realizado para la London School of Economics por la arquitecta local Sharifa Alshalfan, los planos de Kuwait se hicieron en los años 50 por profesionales extranjeros sin ninguna experiencia ni evaluación de los efectos climáticos. La ciudad sufre una grave carencia de espacios verdes y la planificación urbanística adolece de una de las características culturales de sus habitantes. En su mentalidad, el aire libre no existe: un jardín o un patio se consideran un desperdicio de espacio. A ello hay que sumarle que los kuwaitís tienen que utilizar el coche para hacer el más mínimo recado, ya que los barrios están separados por autopistas.

© European Space Agency

Qurayyat · Omán

La noche más calurosa del mundo: 42,6 ºC en 2018

Cuando se habla de récords de temperatura, pensamos inmediatamente en el calor más alto registrado en una localidad en pleno día o en el frío más intenso de noche o al amanecer. Pero ¿has pensado alguna vez en la temperatura más alta jamás alcanzada durante la noche?

En otras palabras, ¿cuál es la temperatura mínima más alta jamás registrada por una estación meteorológica entre la medianoche de un día y la medianoche del día siguiente? Para averiguarlo, tenemos que ir a la pequeña localidad costera de Qurayyat, en el Sultanato de Omán, donde la noche del 26 de junio de 2018 el termómetro no bajó de 42,6 ºC.

Este paréntesis meteorológico infernal quedaría grabado en la memoria de los más de 60 000 habitantes de la ciudad, o al menos de aquellos que no pudieron disfrutar del aire acondicionado. Tras alcanzar máximas de 49,8 ºC el 25 de junio, la temperatura empezó a bajar por la tarde, pero no al ritmo habitual.

Durante el día, un campo de altas presiones sobre la península arábiga había bombeado aire caliente proveniente de la tierra y se dirigía hacia el mar. La gente esperaba al menos un enfriamiento parcial, pero durante aquellos días las aguas del golfo de Omán se mantuvieron a una temperatura de 32 ºC, con una humedad muy alta que afectaba a toda la costa al sur de la capital Mascate, incluida Qurayyat.

La brisa de tierra, un viento leve que se crea cuando la temperatura del suelo es inferior a la del agua, no se activó. La burbuja de humedad que proporciona el mar, una red invisible de diminutas partículas de vapor, impidió la dispersión del calor acumulado durante el día. Cuando este patrón atmosférico perdió fuerza, los datos de la estación meteorológica local revelaron que la temperatura se había mantenido por encima de los 41,9 ºC durante más de 51 horas consecutivas, desde la 6 de la mañana del 25 de junio hasta las 9 de la mañana del 27 de junio.

Un dato impresionante, incluso para un lugar acostumbrado a este tipo de escenarios. Y es que en verano, el clima de la costa de Omán es extremadamente caluroso y sofocante, resultado de la interacción de la humedad del océano índico y el calor del interior del desierto. Por eso, si quieres descubrir este agradable pueblecito pesquero llamado Qurayyat, has tener en cuenta que, entre junio y agosto, las temperaturas medias máximas y mínimas alcanzan los 40 ºC y 30 ºC respectivamente, con noches de temperaturas infernales siempre al acecho.

Svanetia · Georgia

Aquí se registraron 330 aludes entre el 9 y el 31 de enero de 1987

La región georgiana de Svanetia es una región de extraordinaria belleza salvaje, salpicada de pueblos medievales y rodeada de impresionantes picos nevados. Está ubicada en la vertiente sur del Gran Cáucaso, a los pies del monte Shjara, la montaña más alta de Georgia, con sus 5193 metros. Las enormes nevadas invernales, provocadas por la interacción del aire húmedo del cercano mar Negro y las frías temperaturas de la montaña, son únicas en la región. Cuando los vientos se desplazan de oeste a suroeste, recogiendo la humedad del mar, las estribaciones meridionales del Gran Cáucaso actúan como un dique natural para las nubes que llegan. Este es el motivo por el que las nevadas se concentran en la zona de Mestia, a veces durante varias semanas seguidas.

Durante el invierno de 1986-1987, se produjo un fenómeno meteorológico sin precedentes en esta región: nevó casi todos los días durante 46 días consecutivos y por encima de los 2500 metros de altitud, la capa de nieve alcanzó los 16 metros, demasiado para lo que pueden aguantar las laderas escarpadas y desnudas (los bosques no crecen por encima de los 1800 metros).

Además, entre el 9 y el 31 de enero de 1987, se registraron al menos 330 avalanchas. Pueblos de montañas como Chuberi, Ushguli, Mulakhi, Kala y Khaishi se vieron gravemente afectados. Murieron 105 personas y más de 2000 casas sufrieron daños (las ruinas causadas por este desastre mortal pueden verse aún hoy).

Más allá de este trágico suceso, las avalanchas siguen siendo un fenómeno invernal frecuente en Svanetia, hasta el punto de que las tradiciones locales incluyen un ritual dedicado a ellas, como así lo atestiguan los ancianos del pueblo de Ushguli: «Cuando una avalancha empezaba, íbamos en su dirección a un bosque situado más abajo y sacrificábamos un cordero para calmar las intenciones de la montaña».

Ushguli está considerado como el lugar habitado más alto de Europa (está a 2200 metros por encima del mar y tiene unos 200 habitantes). En invierno, durante al menos tres o cuatro meses, la carretera que lo comunica está cortada y el pueblo queda aislado del resto de Georgia.

Por eso esencial para los habitantes abastecerse de provisiones durante el verano. Cada familia recoge patatas, heno para los animales y verduras, se abastece de harina, medicinas, lana, conservas, productos de higiene y alcohol.

La mentalidad de muchos de los lugareños se resume a una forma de impotencia frente a los acontecimientos climáticos, una mezcla de aceptación, de resignación y de resistencia que forja el carácter. Tanto es así que, incluso después de la tragedia de 1987, no abandonaron el lugar y hasta lograron superar aquella prueba. Gracias a unas torres defensivas de piedra de unos veinte mil años de antigüedad que hay en el pueblo (las koshkebi), Ushguli fue declarado Patrimonio de la Humanidad por la Unesco en 1996 y se ha convertido en un pequeño destino turístico que trae nuevas oportunidades económicas.

Situado en la parte superior del valle de Enguri, bajo el glaciar del monte Shjara, es uno de los lugares más fascinantes de Georgia a pesar de su clima extremo, símbolo de una tierra que ha permanecido aislada y orgullosa durante miles de años, hasta el punto de haber creado su propia lengua.

Mar de Aral · Uzbekistán / Kazajistán

La desaparición del cuarto lago más grande del mundo
y las lluvias saladas tóxicas

El impacto del hombre sobre su entorno puede provocar fenómenos atmosféricos sin precedentes y a veces devastadores. Esto es lo que ha ocurrido en el mar de Aral, situado entre Kazajistán y Uzbekistán, que en los últimos años ha soportado lluvias saladas y tormentas de arena mezclada con pesticidas.

Las imágenes por satélite así lo confirman. A mediados del siglo pasado, el Aral era el cuarto lago más grande del mundo. Ahora no es más que una décima parte de su tamaño original, tras disminuir su volumen en un 95 %.

La razón principal de esta disminución es la retirada masiva de agua por parte del gobierno soviético a partir de los años 1960, cuando la URSS decidió aumentar su producción de algodón.

La región del mar de Aral, con sus dos principales afluentes Syr-Darya y Amu-Darya, había sido identificada como idónea para el cultivo de este «oro blanco». Ya en aquella época, todo el mundo sabía que la decisión de extraer agua del lago acarrearía la pérdida de la mayor parte de su capacidad. Sin embargo, supusieron que convertirlo en un pantano proporcionaría un recurso adicional para cultivar arroz en un futuro.

No obstante, las cosas no salieron según lo previsto, porque no se tuvo en cuenta la fragilidad del terreno en el sistema de abastecimiento: se desperdició el agua desde el principio y los canales que se construyeron sin planificación previa provocaron el descenso del caudal de los dos afluentes. Para dejar sitio a las plantaciones, los grupos de agricultores esparcieron herbicidas a gran escala, que los ríos llevaron hasta el desierto y el viento dispersó por todas partes.

Como consecuencia, en 1987 el lago ya había perdido gran parte de su volumen al dividirse en dos cuencas norte/sur, hecho que se repitió unos años más tarde con una nueva subdivisión este/oeste. La disminución de la superficie del lago reveló una vasta extensión cubierta por una capa de sal y de productos químicos tóxicos, recuerdos de las pruebas de armamento que realizaron allí (el lago fue una zona de experimentación militar), de proyectos industriales y de la lixiviación de pesticidas y otros fertilizantes.

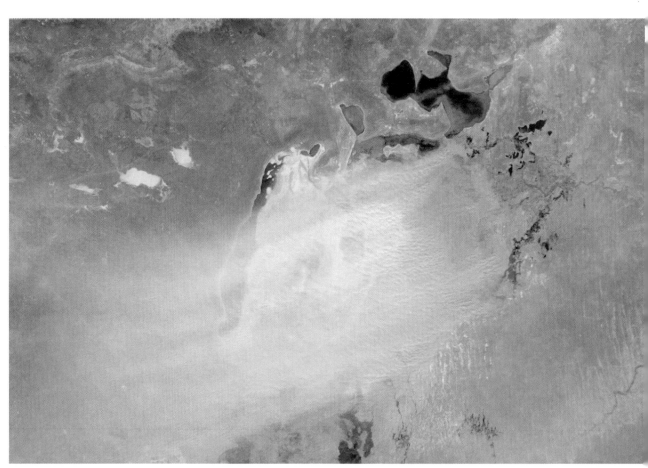

Nacía así un nuevo desierto, rebautizado Akkum (Arenas blancas) por los lugareños. Las primeras intervenciones para frenar la desertización se llevaron a cabo a principios de la década de 2000 por iniciativa del gobierno kazajo, con el apoyo del Banco Mundial. La construcción de una presa permitió el renacimiento del pequeño mar de Aral, la parte más al norte del lago, donde se puede volver a pescar. Se plantaron saxaúles, un árbol muy resistente originario de Asia Central, en grandes extensiones de tierra árida para anclar la arena al suelo y limitar su dispersión. Pero la zona contaminada es tan extensa que el camino para lograr mejores condiciones sigue siendo largo y complicado, sobre todo porque los fenómenos meteorológicos siguen azotando la región. Cuando el viento constante del este/sureste se mezcla con el aire más húmedo de la región del mar Caspio, se forman nubes que dan lugar a precipitaciones: lluvia salada y tóxica que daña los cultivos y pone en peligro la salud de los habitantes.

A finales de mayo de 2018, una tormenta de arena formada a orillas del lago se desplazaba hacia el oeste de Uzbekistán y el norte de Turkmenistán. Las partículas en suspensión contenían grandes cantidades de sal y residuos de pesticidas que el viento recogió de la cuenca del Aral. En consecuencia, las enfermedades respiratorias y renales tienen hoy una incidencia lamentablemente muy alta en la población local. La tasa de mortalidad de niños menores de 5 años en la zona comprendida entre Uzbekistán y Kazajistán está justo por detrás de la del África subsahariana. Incluso las temperaturas locales han empeorado. Sin el efecto mitigador de las aguas del lago, los inviernos son más duros y largos, y los veranos más calurosos y secos, con un aumento medio de la temperatura de entre 2 ºC y 4 ºC.

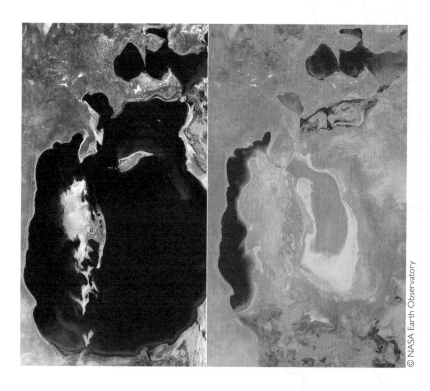

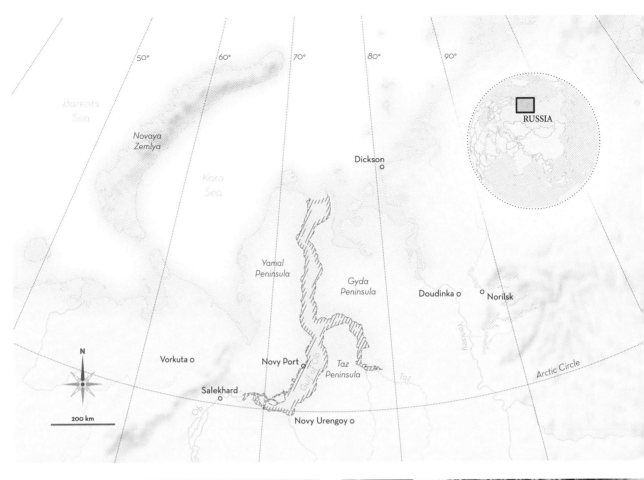

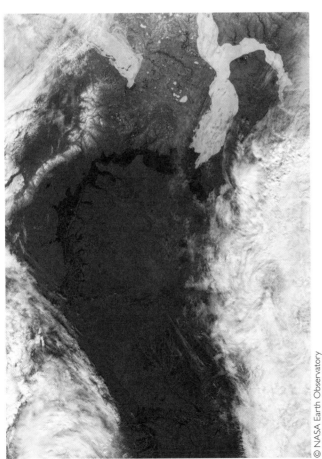

© NASA Earth Observatory

Golfo de Obi · Siberia, Rusia

Cuando el tiempo se convierte en artista

A principios de noviembre de 2016, los habitantes de Nyda, al noroeste de Siberia, a la altura del círculo polar ártico, presenciaron una escena insólita. La playa que está cerca de la ciudad, a orillas del golfo de Obi, apareció cubierta por una alfombra de esferas de hielo y nieve perfectamente redondas.

Las imágenes dieron la vuelta al mundo y no tardaron en generarse las referencias habituales a fenómenos misteriosos y sobrenaturales.

Los meteorólogos se apresuraron a aclarar el tema: el fenómeno, aunque poco frecuente, tenía una explicación científica y se debía a la rápida sucesión de unas condiciones meteorológicas particulares.

Durante los últimos días de octubre de 2016, el golfo de Obi, una gran ensenada por la que discurre el río del mismo nombre, empezó a congelarse debido a una intensa ola de frío, al tiempo que caía una abundante nevada. El proceso de congelación no es inmediato y comenzó a interactuar con el ciclo de las mareas de la costa este del golfo. Al retroceder el agua con la marea baja, se formaron capas de hielo, nieve y arena. En ese mismo momento, una tormenta azotó la zona, soltando fragmentos de hielo que rodaron por la playa y se fueron moldeando con algunos granos de arena adoptando formas de mayor tamaño cada vez. Al regresar la marea, esta trajo agua nueva y hielo, y el proceso de formación de las formas redondeadas siguió. Esta alternancia creó esferas de diversos tamaños. De ahí, que en esta playa siberiana se vieran pequeñas esferas del tamaño de una pelota de golf y otras igual de grandes que un balón de fútbol, o incluso mayores.

Una última nevada, leve, lo cubrió todo, lo que hizo que el resultado final fuese aún más refinado. Este particular fenómeno se debe también a la conformación geográfica del territorio: esta larguísima ensenada del mar de Kara tiene una profundidad media de tan solo 10-12 metros y se congela con facilidad, mientras que la arena fina y compacta, fundamental para la formación de las esferas de hielo, procede de los sedimentos que trae el río Obi, uno de los mayores sistemas fluviales del mundo.

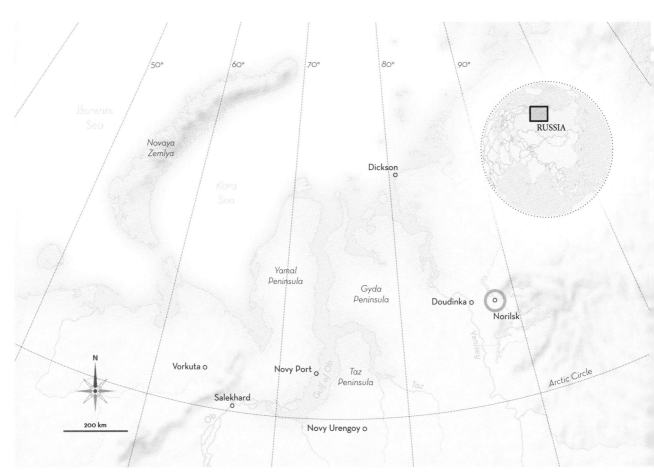

Norilsk · Siberia, Rusia

Heladas y contaminación extremas.
La combinación de temperaturas bajo cero y la fuerte contaminación a causa
de la industria del níquel hacen de Norilsk uno de los lugares más inhóspitos
del mundo, y en el que, a pesar de todo, viven 170 000 personas

La ciudad siberiana de Norilsk es la más poblada del norte del círculo polar ártico. Tiene 170 000 habitantes, la mayoría trabajadores de la industria metalúrgica. La ciudad está además situada en el mayor yacimiento de níquel y paladio del mundo.

Por este motivo –además del por el aislamiento que ofrecía– en la época estalinista se construyó en este lugar un campo de trabajos forzados.

En la década de los años 1960, tras el cierre del gulag, los arquitectos diseñaron lo que debía ser una «ciudad ideal», según los principios socialistas soviéticos del trabajo y de la sociedad. Las minas y las infraestructuras mineras se ampliaron hasta convertir Norilsk en el mayor complejo minero de metales pesados del mundo.

Ubicaron los edificios de manera que estos minimizaran el impacto de los vientos, extremadamente violentos en invierno. La ciudad se ha desarrollado sin espacios verdes, en una sucesión de patios y aceras demasiado estrechos. Hay unos 130 días al año de tormentas de nieve y el invierno es extremo: las temperaturas oscilan entre -10 ºC y -55 ºC de mínima, y durante dos meses, la noche polar envuelve la ciudad.

Sin embargo, más que el clima, es la contaminación lo que hace que sea difícil vivir en Norilsk. Cada año se liberan en la atmósfera casi 4 millones de toneladas de cobre, plomo, cadmio, níquel, arsénico, azufre y otras sustancias químicas tóxicas.

En consecuencia, la vegetación no crece en 30 kilómetros a la redonda y lo que la tierra produce en la corta temporada de verano es altamente tóxico. La esperanza de vida es también 10 años inferior a la de otras ciudades rusas, el riesgo de cáncer se duplica y las enfermedades respiratorias abundan.

En estas condiciones, ¿por qué vivir en Norilsk? En primer lugar, hay que recordar que durante el periodo sovié-tico, el Gobierno animó a muchos trabajadores a trasladarse aquí, llegando incluso a ofrecer salarios cuatro veces superiores a los de otras partes del país y prometer un apartamento después de 15 o 20 años de trabajo.

Hoy, las familias que se han formado disfrutan de las ventajas de un sistema autosuficiente.

El trabajo es seguro y, aunque los salarios ya no son tan atractivos, cubren todas las necesidades. Lo que los ha-bitantes compran solo puede reinvertirse en Norilsk, aislada del resto del mundo, en un circuito cerrado que se prolonga en el tiempo.

Los ingresos de los bienes que adquieren los ciudadanos acaban en las arcas de las industrias mineras que man-tienen unidos los hilos de la economía de Norilsk. Norilsk Nickel, la empresa minera más importante, se ha com-prometido a trasladar sus fábricas fuera de la ciudad y a controlar sus emisiones tóxicas. Quizás esta sea la débil esperanza que albergan las familias y que las anima a dar vida a uno de los lugares más contaminados del mundo, donde incluso el viento y el hielo son problemas secundarios.

Norilsk está a tan solo cuatro horas y media de Moscú, pero el número de turistas extranjeros interesados en visi-tarla es reducido (unos 200 al año, según la Agencia de Desarrollo Local).

No basta con tener un visado, también hay que obtener un permiso especial, lo que significa tener que lidiar con la tentacular burocracia en la página web (solo disponible en ruso) de la administración ciudadana o recurrir a una agencia turística especializada. Entre las personas que han documentado la dureza del clima y las penurias de la vida en este lugar se encuentra la fotógrafa rusa Elena Chernyshova, que vivió en Norilsk durante siete meses en el invierno de 2012-2013.

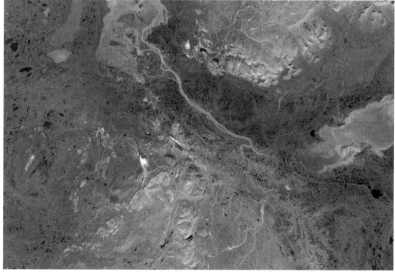

© NASA Visible Earth

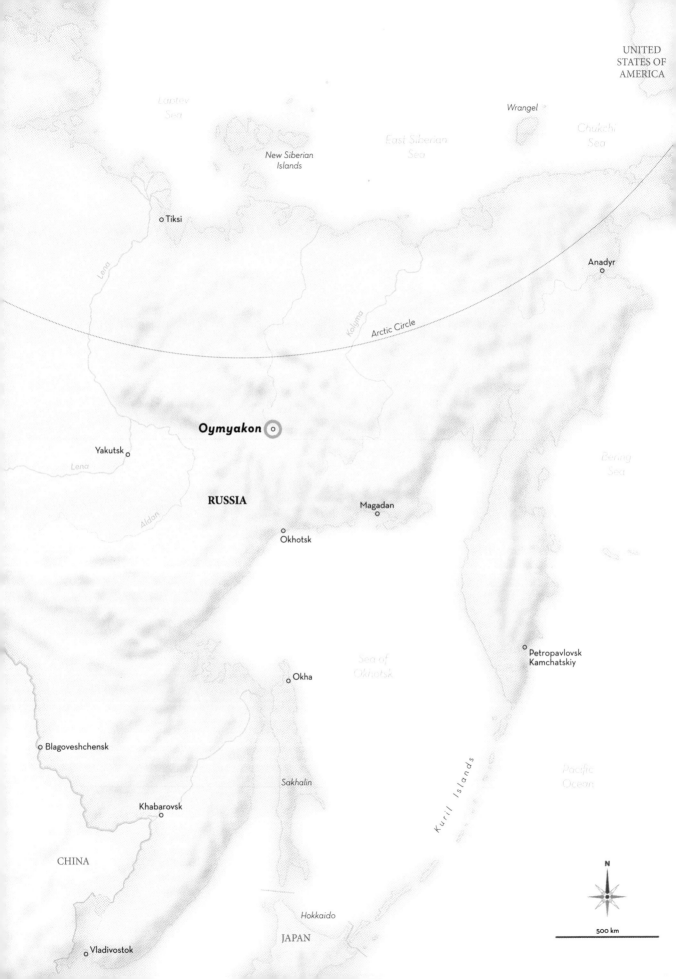

Oimiakón · Siberia, Rusia

El lugar habitado más frío del mundo

El planeta Tierra está repleto de lugares con climas inhóspitos donde el hombre siempre ha sabido adaptarse y sobrevivir a pesar de las condiciones hostiles. Oimiakón, una pequeña ciudad de 800 habitantes de la República de Sajá, al este de Siberia, es uno de los lugares más extremos que existen, con unos inviernos tan rigurosos que le han servido el apodo de «la ciudad congelador» o «polo del frío».

El récord de temperatura más baja es de -71,2 ºC y se remonta a 1924. Aquí en Oimiakón, el invierno dura nueve meses, de diciembre a marzo, con temperaturas medias de entre -30 ºC y -50 ºC. Por si fuera poco, el frío suele ir acompañado de un fenómeno de niebla helada que cubre de hielo todas las superficies.

La mayoría de los habitantes de Oimiakón son descendientes de los turcos yakutos, indígenas cazadores y pastores de renos del noreste de Siberia. La carne de estos animales es la base de su dieta, ya que la agricultura es imposible a causa del permafrost (el suelo está constantemente congelado bajo la superficie).

El pescado también tiene un papel importante debido a la proximidad del río Indiguirka, parcialmente protegido de la congelación por la presencia de fuentes termales cerca de su cauce. El mercado del pescado se celebra al aire libre y, obviamente, los productos frescos se venden ya congelados. Es aquí donde los lugareños compran los ingredientes para preparar el stroganina, un plato muy popular siberiano a base de finas lonchas de pescado crudo congelado, saladas y salpimentadas. Otros platos típicos son los dados de sangre de caballo glaseados servidos con macarrones y el hígado de caballo crudo y congelado.

La casa «típica» de Oimiakón es de madera y se calienta con carbón. Sus baños están en el jardín, dentro de pequeñas casetas sin calefacción para remediar el problema de las tuberías, que de otro modo se congelarían. Por la misma razón, el motor de un coche parado no debe apagarse nunca.

El pueblo solo tiene una tienda que abastece a los habitantes de los productos esenciales para la vida diaria. Los desplazamientos en el exterior durante el invierno deben ser breves, pues a -45 ºC la piel se congela en 5-10 minutos. Pese a todo, los habitantes de Oimiakón llevan una vida que consideran normal: simplemente se adaptan, quizás a veces con la ayuda del russki chai o té ruso, como llaman cariñosamente al vodka.

La latitud de Oimiakón corresponde a la del sur de Islandia o a la del centro de Noruega (63º N), pero el clima es muy distinto. Aquí no hay corrientes atlánticas occidentales y el clima continental sufre un fenómeno de acumulación de escarcha específico de las llanuras ruso-siberianas: se trata de una especie de autogenerador de frío, causado por las inversiones térmicas, el efecto albedo y la escasa luz solar. Todos estos factores juntos hacen que las temperaturas bajen a niveles increíbles. Pero si en invierno el frío es absolutamente congelante, durante el efímero verano no es raro que el termómetro alcance los 30 ºC. Con ese calor, la naturaleza explota y con ella la reproducción de los mosquitos. Si planeas viajar a estos parajes no encontrarás ningún hotel y tendrás que alojarte en casa de una familia. Como aventurero del frío, deberás ponerse en contacto con las agencias locales.

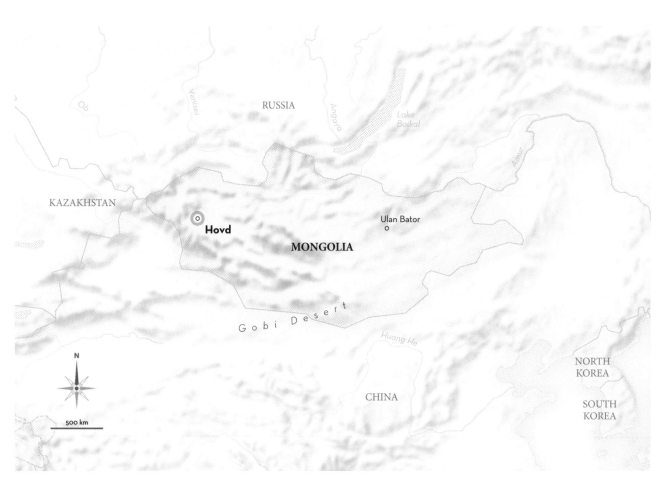

Hovd · Mongolia

Tras un verano caluroso y seco y un invierno especialmente duro y nevado,
llega el zud, *sinónimo de hambruna, muerte y emigración*

Con más de 250 días de sol al año, Mongolia es conocida como la tierra del cielo azul. Un apodo que puede inducir a error dada la dureza del clima del país. En invierno, las temperaturas descienden hasta -50 ºC y las condiciones de vida pueden volverse rápidamente insoportables para los numerosos pastores seminómadas que habitan el territorio.

Sobre todo, cuando un verano caluroso y seco da paso a un invierno frío y nevado debido a lo que los mongoles llaman el *zud*. Durante un *zud* los animales, debilitados por la falta de forraje estival y, por tanto, sin suficientes reservas de grasa, son incapaces de encontrar alimento en el suelo cubierto de nieve y mueren de hambre y de frío. En un país de 3 millones de habitantes, con 70 millones de cabezas de ganado y 300 000 personas viviendo de la ganadería, el *zud* es sinónimo de muerte, hambruna y emigración.

Este fenómeno meteorológico forma parte de la historia climática de Mongolia y los pastores asumen cada año la posible pérdida de parte de su rebaño. Sin embargo, en comparación con los dos últimos siglos, la frecuencia del *zud* es ahora cinco veces superior a la media. En los siglos XIX y XX, la combinación de un verano seco y de un invierno muy frío y nevado se daba aproximadamente una vez cada cinco o siete años, pero desde los años 2000 ocurre de media una vez cada dos o tres años. En 1999-2000, 2000-2001 y 2001-2002, Mongolia sufrió tres *zud* seguidos y más de 12 000 familias de pastores perdieron todos sus rebaños.

Entre las zonas más afectadas se encuentran las provincias occidentales de Gov'-Altaj y Hovd. En esta última, el catastrófico *zud* de 2010 acabó con 11 millones de ovejas, cabras de Cachemira, vacas y caballos, o sea más del 20 % del ganado del país. A finales de 2022, un informe de la Oficina de Naciones Unidas para la Coordinación de Asuntos Humanitarios basado en datos proporcionados por la Agencia Nacional de Mongolia para la Meteorología y la Vigilancia del Medio Ambiente (NAMHEM) advirtió de la posibilidad de un *zud* importante en la provincia de Hovd y en el resto de Mongolia durante el invierno de 2023 que se previó frío y nevado.

En enero, el termómetro bajó a -50 ºC en las provincias de Hovd y Zavkhan y el grosor de la nieve alcanzó los 37 centímetros, siendo la media de 24 centímetros. Las pérdidas de ganado volvieron a ser dramáticas.

La mayor frecuencia de este fenómeno se debe en gran medida a la intensificación de las estaciones provocada por el calentamiento global: los veranos secos y calurosos son más frecuentes, mientras que el aumento de la humedad en la atmósfera en invierno ha incrementado las nevadas en las zonas semidesérticas y esteparias, como en la región de Hovd. El aumento de la frecuencia de *zud* no permite que los pastores tengan tiempo de reorganizar sus rebaños y miles de personas se ven obligadas a abandonar sus negocios y sus tierras para probar suerte en Ulán Bator, la capital.

El porcentaje de mongoles que viven en las zonas urbanas ha aumentado de un 53 % en 1995 a un 68 % en 2018. En 10 años, de 2008 a 2018, Ulán Bator ha pasado a tener de 1 a 1,5 millones de habitantes. Esta dinámica se refleja en la urbanización: en las afueras de la capital se han creado barrios de ger, distritos enteros de yurtas e interminables extensiones de tiendas de campaña levantadas apresuradamente y mal conectadas con los servicios e infraestructuras urbanas.

© tashinangyal / Pixabay

MONGOLIA

KAZAKHSTAN

UZBEKISTAN

TURKMENISTAN

KYRGYZSTAN

TAJIKISTAN

CHINA

AFGHANISTAN

IRAN

o Srinagar

Chandigarh
o

PAKISTAN

BHUTAN

New Delhi ■

NEPAL

Guwahati
o

Brahmaputra

Jodhpur
o   Jaipur
o   Agra
o

Ganges

o Lucknow

Yamuna

Varanasi
o

Patna
o

Meghalaya

Tropic of Cancer

Ahmedabad
o

Jabalpur
o

Narmada

Ranchi
o

Kolkata
(Calcutta)
o

MYANMAR

Mahanadi

Arabian
Sea

INDIA

Godavari

Mumbai
(Bombay)
o

Hyderabad
o

Vishakhapatnam
o

Bay
of Bengale

Krishna

Panaji o

Coromandel Coast

Mamgalore
o

Bangalore
o

Chennai
o

Andaman
and Nicobar
(INDIA)

Kaveri

Mysore
o

Malabar Coast

Madurai
o

Lakshadweep
(INDIA)

Kochi
o

Laccadive
Sea

SRI LANKA

MALDIVES

Indian
Ocean

N

Equator

1 000 km

Meghalaya · India

El lugar más lluvioso del mundo

El estado de Meghalaya, noreste de la India, es una zona principalmente montañosa de unos 300 kilómetros de largo y 100 kilómetros en su parte más ancha. Aquí, la media de precipitaciones anuales es de 12 metros cúbicos, todo un récord mundial.

Meghalaya significa literalmente «la morada de las nubes». No llueve todo el día, pero llueve casi todos los días. Algo que también ocurre en Ecuador, pero aquí el monzón, especialmente fuerte entre junio y septiembre, contribuye a aumentar la acumulación media anual.

El origen de este clima extremo está en la morfología del territorio. Desde el golfo de Bengala, corrientes cálidas y húmedas atraviesan las llanuras de Bangladesh, hasta chocar con la cadena montañosa que forma el altiplano de Shillong, a 3000 metros de altura. La llanura de Bangladesh actúa como «plataforma de lanzamiento» de las precipitaciones, que se ven potenciadas por el «efecto ASE (Adriatic Snow Effect)» que se produce en la ladera sur del altiplano.

Ahí mismo, a 1400 metros de altura, se encuentran los dos principales asentamientos de la zona: Cherrapunji y Mawsynram. Estas ciudades tienen una población de 15 000 y 2600 habitantes respectivamente, y se disputan el título de la ciudad más lluviosa del mundo.

© Amos Chapple Photography

En ambas, la vida fluye al ritmo de las tormentas, las inundaciones y la niebla. El mercado se celebra dos veces por semana incluso en las peores condiciones meteorológicas y los alumnos van a la escuela con sus uniformes sin preocuparse de los chaparrones. En las calles, los obreros trabajan protegidos por tradicionales paraguas khasi, llamados knups. Hechos de bambú y hojas de plátano, ofrecen una solución práctica para trabajar con las manos libres bajo la lluvia.

La economía se basa en la agricultura (patatas, arroz, maíz, piñas y plátanos) y en una actividad minera clandestina, además de en un pequeño circuito turístico.

La región de Meghalaya tiene dos parques nacionales y tres reservas naturales donde se puede practicar alpinismo, escalada, *trekking* y senderismo, así como deportes acuáticos.

Los curiosos que quieran descubrir este rincón del planeta donde la naturaleza mágica está continuamente envuelta en una atmósfera íntima, tendrán que elegir la época del año en la que llueve menos y en la que las temperaturas sean más favorables. Los meses más agradables del año son de marzo a mayo (alrededor de los 20 ºC), mientras que de junio a septiembre las temperaturas descienden debido al monzón. En invierno, de octubre a febrero, hace aún más fresco (la media ronda los 10 ºC) y sigue lloviendo, aunque ligeramente, pero el paisaje se vuelve extraordinariamente sugestivo gracias a las ya impetuosas cascadas. Para acceder a ellas basta con cruzar los magníficos puentes de raíces naturales que dominan el valle por donde discurre el río Khasi.

Y es que, en este clima extremadamente lluvioso, el hombre ha aprovechado las raíces de los árboles de caucho para crear auténticos «puentes vivientes». Algo que merece admirarse al menos una vez en la vida.

Un día de lluvia en Cherrapunji: más del doble de lo que cae en Londres en un año

Según datos del Departamento Meteorológico de la India, la mayor cantidad de lluvia caída en 24 horas se registró en Cherrapunji el 16 de junio de 1995, con la increíble cifra de 1560 milímetros en un solo día, más del doble de lo que cae en Londres en un año.

© Amos Chapple Photography

Komic · India

El lugar habitado más alto del mundo está conectado por una carretera transitable y tiene un clima muy difícil para sus habitantes

«El lugar habitado más alto del mundo conectado por una carretera transitable». Así reza el cartel a la entrada de Komic, un pueblo situado a 4587 metros de altura en el valle de Spiti, en la vertiente india de la cordillera del Himalaya. Este lugar está situado en una cuenca natural en forma de ensaladera, rodeado de montañas que superan los 6000 metros de altitud. La dureza del clima, la elevada altitud, la falta de medios de comunicación y el suelo poco fértil hacen que la vida en Komic sea extremadamente dura.

Más que el frío, el problema principal es la sequía.

En primavera, el agua del deshielo tiende a bajar rápidamente por las laderas de las montañas, aumentando el caudal del río Spiti. Pese a ello, las tierras que rodean Komic solo retienen una pequeña cantidad de agua. Este aspecto del clima ha empeorado aún más a consecuencia del calentamiento global: según un estudio de la Universidad de Jawaharlal Nehru de Delhi, las temperaturas anuales en el Himalaya han aumentado dos grados en 20 años, mientras que los glaciares se han reducido un 13 % en los últimos 50 años.

Menos hielo y menos nieve suponen, por lo tanto, menos agua en verano.

Por no hablar de que Komic se encuentra en un desierto pluviométrico, incluso durante la época de los monzones: de mayo a octubre, apenas llueve en el pueblo. Tras los meses secos y soleados de mayo y junio (los mejores para visitar el lugar) y un periodo nublado pero aún seco y suave de julio a octubre, se instala un clima extremo en noviembre, momento en el que las temperaturas caen en picado y empieza a nevar copiosamente.

Por la noche, el termómetro puede bajar hasta -30 ºC. Desde entonces hasta abril, la carretera que une Manali a Kaza bordeando el Spiti permanece cerrada por riesgo de avalanchas y los 114 habitantes de Komic quedan aislados del resto del mundo.

¿Quiénes son estos «héroes» de las alturas? Gran parte de la población está formada por monjes budistas del monasterio de Tangyud, pero también por familias de pastores y una persona que en los últimos años ha creado servicios para turistas. A día de hoy, Komic cuenta con dos casas de huéspedes, un restaurante y una agencia de taxibus.

El clima de Komic no es apto para la agricultura y su actividad principal es la cría de ovejas, caballos y yaks. El turista que quiera visitar el pueblo debe tener en cuenta que el mero hecho de caminar puede hacerle perder el aliento, y no solo por la falta de oxígeno. La amplitud térmica estacional y diurna, más la acción erosiva del hielo que alterna con el implacable sol de alta montaña transforman el suelo en una especie de polvo que el viento se afana en barrer.

HIMACHAL PRADESH PUBLIC WORKS DEPTT.
DIVISION – KAZA
HIGHEST VILLAGE IN WORLD
CONNECTED WITH MOTORABLE ROAD
VILLAGE – KOMIC
POPULATION – 114 CAPITA
ALTITUDE 4587mtr.

SPITI 2018

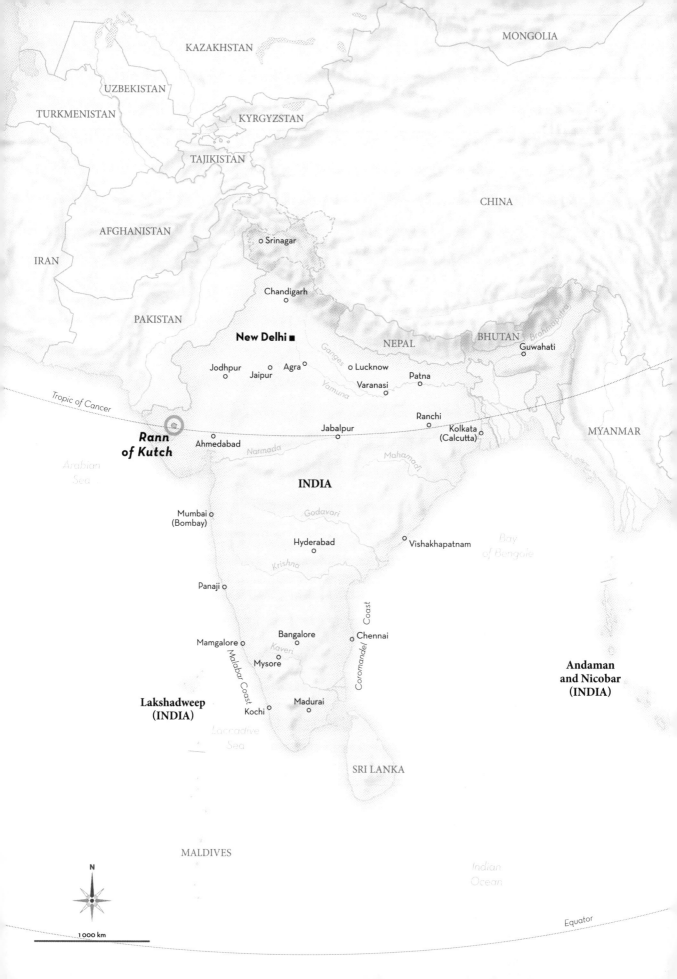

Marisma salobre de Kutch · Guyarat, India

Sol y luz reflejados en el suelo blanco dan lugar a un calor cegador

En el estado de Guyarat, el más occidental de la India, en la frontera con Pakistán, se encuentra la Rann de Kutch, una gigantesca marisma salobre que los movimientos tectónicos, a fuerza de elevar el lecho marino, han terminado por separar del mar Arábigo que antaño lo alimentaba.

Se trata de una zona sometida a extremos térmicos especialmente marcados, con un pico de calor en mayo y junio (el récord roza los 50 ºC) y lluvias monzónicas que se concentran entre finales de junio y septiembre.

Durante la corta estación húmeda, el pantano se desborda y la marisma se convierte en un enorme lago.

A finales de septiembre, la evaporación deja ver la sal del suelo y todo se transforma en una vasta extensión blanca. El paisaje adquiere entonces un aspecto lunar: una inabarcable extensión de sal lo cubre todo, creando un manto blanco cegador.

A partir de febrero, las temperaturas máximas pueden superar los 30 ºC y en abril se suelen alcanzar los 40 ºC. Mayo es el mes en el que el calor es más feroz, con picos de 48-49 ºC. En esa época del año, pocas personas consiguen trabajar al aire libre extrayendo sal: la implacable luz del sol se suma al deslumbrante reflejo del suelo, haciendo que el ambiente sea insoportable.

Por esto mismo, las familias de los pueblos «salinos» que se han instalado en los alrededores para explotar este recurso van a las marismas desde octubre para aprovechar los meses con las temperaturas más soportables. Se instalan con sus tiendas cerca de la marisma y se quedan allí al menos seis meses. Algunos de ellos siguen pisando descalzos extensiones enteras de marismas fangosas en las zonas menos explotadas, pegadas a las salinas más rentables.

El trabajo de medio año de una familia entera se valora al cambio en menos de 200 euros que tienen que dar para sobrevivir todo un año.

Uno de los desiertos de sal más grandes del mundo junto con el Salar de Uyuni, en Bolivia

El Rann de Kutch es uno de los desiertos de sal más grandes del mundo, pero a diferencia de otros, como por ejemplo el Salar de Uyuni, en Bolivia, está fuera de los itinerarios turísticos habituales y ofrece la oportunidad de ver de cerca cómo las comunidades locales, como la de los agariya, se han adaptado a este clima y entorno extremos para ganarse la vida.

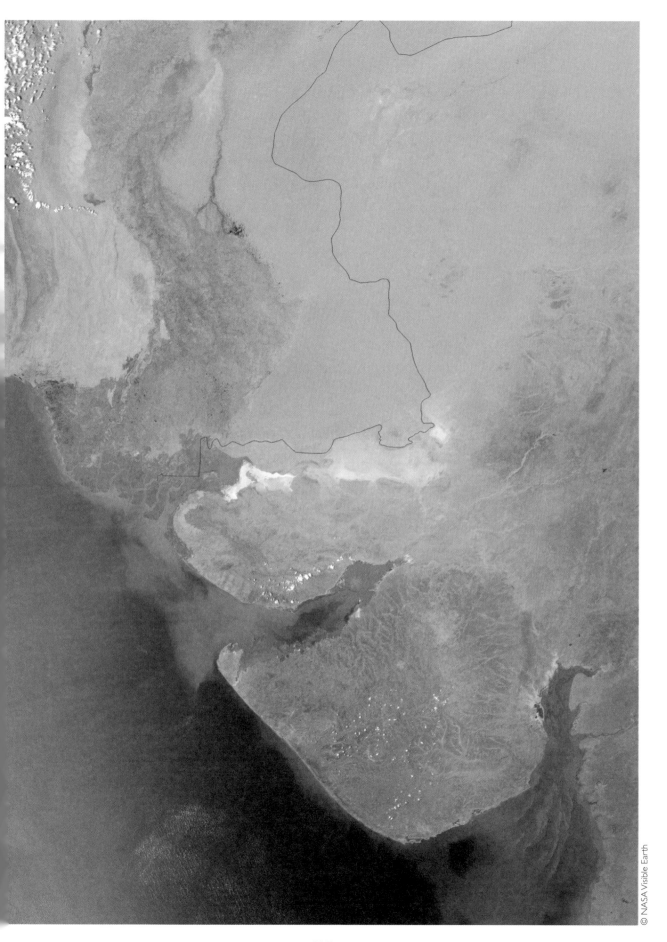

RUSSIA

Iturup (Etorofu)
Kanushir (Kanushiri)

Sapporo

Hokkaido

NORTH
KOREA

*Sea
of Japan
(East Sea)*

Aomori

CHINA

SOUTH
KOREA

Sendai

JAPAN *Honshu*

■ **Tokyo**

*Pacific
Ocean*

Kyoto

Hiroshima

Nagoya

Fukuoka

Osaka
Kochi

Nagasaki

Shikoku

*East
China
Sea*

Kyushu Miyazaki

*Izu
Shoto*

Senkaku

*Bonin
(Ogasawara Gunto)*

*Minamitori Shima/
Marcus
(Japan)*

Okinawa

*Daito
Shoto*

*South
China
Sea*

TAIWAN *Sakishima
Shoto*

*Volcano
(Kazan Retto)*

Tropic of Cancer

N

*Philippines
Sea*

*Okinotorishima/
Parece Vela
(Japan)*

Northern Mariana
Islands
(U.S.)

PHILIPPINES

500 km

Aomori · Isla de Honshu, Japón

Montañas aparte, este es el lugar del planeta a la misma latitud que Roma, donde más nieve cae

Si excluimos las montañas, es una ciudad japonesa la que se lleva el premio al lugar del planeta donde más nieva en invierno. Su nombre es Aomori, tiene 300 000 habitantes, y se encuentra en el norte de la isla de Honshu.

Cada año, de noviembre a marzo, recibe una media de casi 7 metros de nieve. ¿No es increíble? Especialmente sabiendo que Aomori está situada al nivel del mar, a la misma latitud que Roma.

¿Por qué tanta nieve? A solo 300 kilómetros en línea recta desde Aomori, en la orilla opuesta, está la ciudad rusa de Vladivostok, la puerta de entrada a las interminables tierras heladas de Siberia. En invierno, cuando los vientos se levantan en el noroeste, el aire especialmente frío es aspirado desde el continente ruso en dirección a la costa. La escarcha se extiende, sin encontrar obstáculo alguno, sobre el mar de Japón y la bahía de Mutsu. Así se crea el fenómeno atmosférico de sea *effect snow* o «nevada por efecto mar». Se produce cuando el aire muy frío y seco pasa sobre grandes masas de agua (mar o lago), llevándose vapor de agua. Este vapor se condensa en largas y estrechas bandas de nubes, o «trenes de nieve», que se desplazan hacia la costa norte de Japón.

Las temperaturas medias en Aomori oscilan entre -3 ºC y 2 ºC en invierno. El récord de nevadas en un solo invierno, registrado en 1986, es de 12 metros.

Un fenómeno similar se produce en algunas ciudades a orillas de los Grandes Lagos estadounidenses, como Búfalo o Siracusa, pero en este caso se denomina «efecto lago».

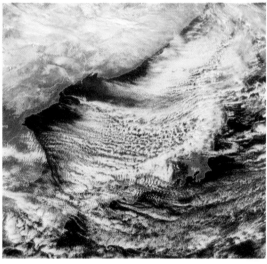

© NASA Visible Earth

CHINA

TAIWAN

Hong Kong

*Batan
Islands*

*Babuyan
Islands*

*Pacific
Ocean*

○ Laoag

*South China
Sea*

○ Baguio

○ Dagupan

Luzon

*Philippines
Sea*

■ **Manila**

○ Batangas

○ Naga

Mindoro

PHILIPPINES

Calbayog
○

Samar

○ Roxas

◎ **Tacloban**

Panay

Leyte

Iloilo
○

○ Cebu

Palawan ○ Puerto Princesa

Negros

*Bohol
Sea*

○ Butuan

*Sulu
Sea*

Pagadian
○

Mindanao

*Cagayan
Sulu*

*Moro
Gulf*

Davao ○

Zamboanga ○

General
Santos
○

Basilan

Jolo

MALAYSIA

*Tawi
Tawi*

N

BRUNEI

Borneo

*Celebes
Sea*

INDONESIA

500 km

Tacloban · Filipinas

El lugar más expuesto a los ciclones tropicales del mundo

El ciclón tropical es el fenómeno atmosférico extremo por excelencia: su potencia, extensión, propagación, daños económicos y destrucción de vidas humanas lo convierten en el fenómeno meteorológico más vigilado y estudiado del planeta. Su denominación varía según la zona geográfica donde se forma: tifón en el Pacífico Norte y Japón; ciclón en el océano Índico, *willy-willy* en Australia; huracán en el Caribe y en el resto del mundo.

El país más castigado del mundo por este fenómeno es Filipinas, donde se registra una media de nueve tifones al año como mínimo. En un país de 96 millones de habitantes, con uno de los PIB más bajos, infraestructuras frágiles y más de 7000 islas, los tifones pueden llegar a ser catastróficos. Entre los peores está el tifón Yolanda, que a principios de noviembre de 2013 se cobró 8000 vidas, provocó la evacuación de 4 millones de personas y devastó ciudades enteras, entre ellas Tacloban, en la provincia de Leyte.

El tifón Yolanda, formado en las cálidas aguas del Pacífico occidental frente a Micronesia, arrasó el centro de Filipinas con vientos de 230 km/h. Tacloban quedó destruida por la marejada que acompaña a cualquier ciclón tropical, algo especialmente significativo en este caso. La ciudad domina la bahía de San Pablo, y se sitúa al final de una ensenada con un fondo bajo y suavemente inclinado. Los vientos de 260 km/h de Yolanda golpearon la costa en ángulo recto, levantando con su remolino una pared de agua que, atrapada en el interior de la bahía, aumentó aún más su volumen, elevándose cientos de metros sobre la ciudad y destruyendo el 90 % de su superficie. Una de las imágenes más emblemáticas de este fenómeno extremo es la del pecio de un barco entre las ruinas de una zona residencial al noroeste del puerto. La proa del Eva Jocelyn se ha convertido en una atracción turística y en un monumento conmemorativo que demuestra la resiliencia del pueblo filipino, víctima histórica de catástrofes climáticas, pero siempre capaz de volver a levantarse.

Tras el tifón de 2013, el Gobierno revisó sus planes de desarrollo urbanístico lanzando el proyecto Tacloban North, un programa para reubicar a la población en una zona más segura al norte de la costa. Sin embargo, debido a los retrasos en su ejecución, muchas familias se vieron obligadas a reanudar sus vidas en viviendas improvisadas en barrios de la costa totalmente vulnerables. A pesar de las dificultades, Tacloban es ahora una de las ciudades filipinas con mayor crecimiento. Han reabierto bancos, tiendas, hoteles y restaurantes, han surgido nuevas empresas y el turismo se recupera. En 2014, el periodista y productor de televisión Francesco Conte viajó a Filipinas para realizar un documental sobre las consecuencias de los tifones y los peligros del calentamiento global. Se titula *Stormed*, está disponible en Vimeo y es muy interesante para quien desee profundizar en el tema.

Los ciclones tropicales

Los ciclones tropicales se forman en mares donde las temperaturas no bajan de 27 °C y en la zona del planeta donde convergen los vientos alisios, conocida como zona de convergencia intertropical (ITCZ). Esta banda rodea los océanos del planeta y, según la época del año, se desplaza entre el ecuador y los trópicos. En la ITCZ, el aire es muy inestable y tiene muchos movimientos convectivos que causan tormentas y tempestades. A esta situación ya de por sí turbulenta se añade la fuerza de Coriolis, es decir, la desviación de los vientos atmosféricos provocada por el movimiento de rotación de la Tierra. Esta fuerza es nula en el ecuador, pero, a menos de 500 km de distancia de él, es suficiente para desviar el aire convergente que empieza a girar en círculo, a velocidades cada vez más rápidas cuanto más se acerca al centro del vórtice (esto explica por qué los ciclones tropicales nunca se forman en el ecuador, sino únicamente por encima o por debajo de su línea).

Cuando todas las piezas de este mecanismo coinciden en el lugar adecuado, una tormenta tropical clásica en el interior de la ITGZ puede provocar una succión creciente de energía y vapor hasta convertirse en un vórtice con un ojo de unos 25 km de diámetro, alrededor del cual giran vientos medios de más de 119 km/h. Por encima de este umbral, la tormenta se convierte en huracán, cuya fuerza se clasifica en cinco categorías según la escala Saffir-Simpson (un ciclón de nivel 5 tiene vientos medios superiores a 250 km/h). Alrededor del ojo gira todo el sistema nuboso, un auténtico muro de nubes de hasta 15 km de longitud y de entre 300 y 800 km de diámetro. Cuando ya se han formado, los ciclones –cada año se registran de 50 a 60 en todo el mundo– inician su recorrido, de miles de kilómetros a veces, en dirección noreste en el hemisferio norte y en dirección suroeste en el hemisferio sur. La repetición sistemática de su trayectoria permite identificar las zonas del mundo más amenazadas. La zona geográfica más afectada es Filipinas y el mar de China, por donde pasan una media de veinte tifones al año. Le siguen el golfo de Bengala, en India, con ocho ciclones, y el Caribe y las costas del oeste de México, con seis o siete huracanes, los mismos que se generan frente a Madagascar y cerca de la costa noreste de Australia. En términos de pérdidas humanas, el ciclón más devastador de la historia fue Bolha (1970) que se cobró la vida de medio millón de personas en Bangladesh. Katrina (2005) y Harvey (2017), que azotaron la costa estadounidense del golfo de México, fueron los que causaron más daños económicos, estimados en 125 millones de dólares.

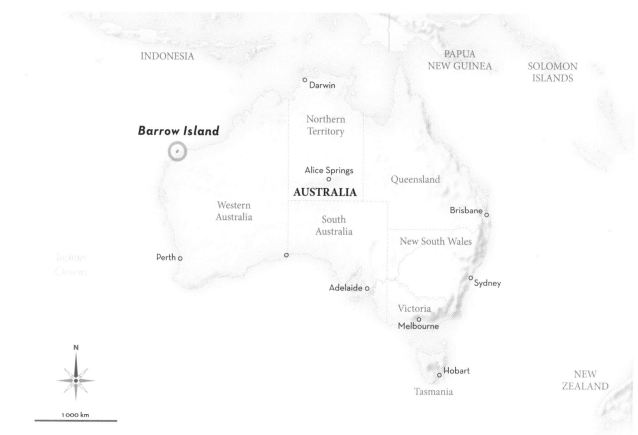

INDONESIA

PAPUA
NEW GUINEA

SOLOMON
ISLANDS

○ Darwin

Barrow Island

Northern
Territory

Alice Springs
○

AUSTRALIA

Queensland

Western
Australia

South
Australia

Brisbane
○

New South Wales

*Indian
Ocean*

Perth ○

○

○ Sydney

Adelaide ○

Victoria
○
Melbourne

N

1 000 km

○ Hobart

Tasmania

NEW
ZEALAND

Isla Barrow · Australia

La ráfaga de viento más fuerte jamás registrada en la Tierra

El 10 de abril de 1996 es un día señalado en la historia de la meteorología. Se batió un récord que databa de 1934 y que parecía insuperable: el de la ráfaga de viento más fuerte jamás registrada, 371 kilómetros por hora en la cima del monte Washington (Nuevo Hampshire, Estados Unidos).

El «mérito» es de Olivia, un ciclón tropical que se formó a principios de abril de 1996 cerca de Indonesia, en la zona de convergencia intertropical entre vientos alisios y depresiones monzónicas. En los días siguientes, el ciclón pasó de la categoría 1 a la 4 y se adentró en la costa de Pilbara, al noroeste de Australia.

Olivia golpeó la isla Barrow haciendo temer lo peor: la presión había descendido a 925 hPa y la velocidad del viento alcanzó la increíble cifra de 113 metros por segundo, a saber, 408 kilómetros por hora.

La Organización Meteorológica Mundial no oficializó este récord hasta 2010, tras comprobar el funcionamiento del anemómetro a lo largo de los años. Los daños fueron considerables, causando grandes desperfectos en las infraestructuras petrolíferas de la isla, así como en algunas torres de alta tensión, aunque no hubo que lamentar víctimas.

La isla Barrow solo está habitada por unos cuantos profesionales y está cerrada al turismo. Su aislamiento, que resultó beneficioso durante el paso de Olivia, se debe a su singular historia.

En efecto, aquí comparten espacio una reserva natural rica en biodiversidad y las instalaciones industriales de Chevron Oil de explotación petrolífera. Esta convivencia parece paradójica, pero en realidad es Chevron Oil la que aplica desde los años sesenta una juiciosa política medioambiental para preservar las numerosas especies animales con las que convive. Los 200 kilómetros cuadrados que ocupa la zona albergan 400 especies de plantas, 13 especies de mamíferos autóctonos, 110 especies de aves y más de 44 tipos de reptiles, lo que la convierte en una de las reservas naturales más valiosas de Oceanía.

ACERCA DE EDITORIAL JONGLEZ

Fue en septiembre de 1995, en Peshawar, Paquistán, a 20 kilómetros de las zonas tribales que visitaría días más tarde, cuando a Thomas Jonglez se le ocurrió poner sobre el papel los rincones secretos que conocía en París. Durante aquel viaje de siete meses desde Pequín hasta París, atraviesa, entre otros países, el Tíbet (en el que entra clandestinamente, escondido bajo unas mantas en un autobús nocturno), Irán, Irak y Kurdistán, pero sin subirse nunca a un avión: en barco, en autostop, en bici, a caballo, a pie, en tren o en bus, llega a París justo a tiempo para celebrar la Navidad en familia.

De regreso a su ciudad natal, pasa dos fantásticos años paseando por casi todas las calles de París para escribir, con un amigo, su primera guía sobre los secretos de la capital. Después, trabaja durante siete años en la industria siderúrgica hasta que su pasión por el descubrimiento vuelve a despertar. En 2005 funda su editorial y en 2006 se marcha a vivir a Venecia. En 2013 viaja, en busca de nuevas aventuras, con su mujer y sus tres hijos durante seis meses de Venecia a Brasil haciendo paradas en Corea del Norte, Micronesia, Islas Salomón, Isla de Pascua, Perú y Bolivia. Después de siete años en Rio de Janeiro, vive ahora en Berlín con su mujer y sus tres hijos.

La editorial Jonglez publica libros en nueve idiomas y en 40 países.

ACERCA DEL AUTOR

Lorenzo Pini (1982) es geógrafo y autor de guías turísticas. Originario de la Toscana, finalizó sus estudios en Portugal, cuya capital le sirvió de inspiración para sus guías *A Lisbona con Antonio Tabucchi* (Giulio Perrone editore, 2012) y *Lisbona, ritratto di città* (Odoya, 2013). En 2015, tras un viaje a Cuba, publicó *L'Avana, ritratto di città* (Odoya). Ha colaborado durante años con Touring Club Editore, actualizando los textos e itinerarios de La guía verde de Portugal (2017), la del sur de España (2019), la de Dinamarca (2020) y la de la Toscana (2021). Apasionado de la meteorología desde pequeño y fascinado por los fenómenos atmosféricos y el clima, habla de ello en su blog meteotrip.it

DE LA MISMA EDITORIAL

Atlas

Atlas de las curiosidades geográficas
Atlas de vinos insólitos

Libros de fotografía

Cines abandonados en el mundo
España abandonada
Estados Unidos abandonado
Iglesias abandonadas - Lugares de culto en ruinas
Japón abandonado
Patrimonio abandonado
Venecia desde el cielo
Venecia desierta

En inglés
Abandoned Asylums
Abandoned Australia
Abandoned Italy
Abandoned Lebanon
Abandoned USSR
After the Final Curtain - The Fall of the American Movie Theater
After the Final Curtain - America's Abandoned Theaters
Baikonur - Vestiges of the Soviet space programme
Chernobyl's Atomic Legacy
Clickbait
Forbidden Places
Forbidden Places - Vol.2
Forbidden Places - Vol.3
Forgotten Heritage

Guías "Soul of"

Ámsterdam - Guía de las 30 mejores experiencias
Kioto - Guía de las 30 mejores experiencias
Soul of Atenas - Guía de las 30 mejores experiencias
Soul of Barcelona - Guía de las 30 mejores experiencias
Soul of Berlín - Guía de las 30 mejores experiencias
Soul of Lisbon - Guía de las 30 mejores experiencias
Soul of Los Angeles - Guía de las 30 mejores experiencias
Soul of Marrakech - Guía de las 30 mejores experiencias
Soul of Nueva York - Guía de las 30 mejores experiencias
Soul of Roma - Guía de las 30 mejores experiencias
Soul of Tokyo - Guía de las 30 mejores experiencias
Soul of Venecia - Guía de las 30 mejores experiencias

Guías insólitas y secretas

Cartografía: **Cyrille Suss** – Maquetación: **Emmanuelle Willard Toulemonde** –
Tradución: **Patricia Peyrelongue** – Corrección de estilo: **Carmen Moya** –
Revisión de estilo: **Lourdes Pozo** – Edición: **Clémence Mathé**

Foto de portada: © **User9637786_380 / iStock 1251227757**

© JONGLEZ 2023
Depósito legal: Septiembre 2023 – Edición: 01
ISBN: 978-2-36195-703-2
Impreso en Eslovaquia por Polygraf